40 Principles
TRIZ Keys to Technical Innovation

TRIZ 创新系列之二

创新40法
TRIZ创造性解决技术问题的诀窍

［苏］根里奇·阿奇舒勒◎著
［美］列夫·舒利亚克◎英译
黄玉霖 范怡红◎汉译

西南交通大学出版社
·成都·

四川省版权局
著作权合同登记章
图进字 21-2004-019 号

Copyright © 1997, 2003 by Technical Innovation Center, InC.
Original illustrations Copyright 1974 by Uri Fedoseev
New material Copyrighted 1997 by Lev Shulyak
Copyright © 2004 by Southwest Jiaotong University Press
The work is published by arrangement with Technical Innovation Center, Inc.,U.S.A.

图书在版编目（CIP）数据

创新40法：TRIZ创造性解决技术问题的诀窍／（苏）阿奇舒勒著；（美）舒利亚克英译；黄玉霖，范怡红汉译. 一成都：西南交通大学出版社，2015.8（2022.8 重印）
ISBN 978-7-5643-3953-1

Ⅰ.①创… Ⅱ.①阿… ②舒… ③黄… ④范… Ⅲ.①创造学 Ⅳ.①G306

中国版本图书馆 CIP 数据核字（2015）第 124504 号

创新40法
TRIZ 创造性解决技术问题的诀窍

[苏] 根里奇·阿奇舒勒 著		出 版 人	阳　晓
[美] 列夫·舒利亚克 英译		责任编辑	张慧敏
黄玉霖　范怡红　汉译		封面设计	严春艳

印张	12.5　插页　3　字数　151 千	成品尺寸	165 mm×230 mm
版本	2015 年 8 月第 1 版	印次	2022 年 8 月第 5 次
出版	西南交通大学出版社	地址	四川省成都市金牛区二环路北一段 111 号
			西南交通大学创新大厦 21 楼
印刷	四川煤田地质制图印刷厂	邮政编码	610031
网址	http://www.xnjdcbs.com	发行部电话	028-87600564　028-87600533
书号	ISBN 978-7-5643-3953-1	定价	35.00 元

图书如有印装质量问题　本社负责退换
盗版举报电话：028-87600562

英译本前言

现在,很多人都热衷于编写和出版关于 TRIZ——创造性解决问题的理论和方法——方面的书籍。因为大部分 TRIZ 资料是俄文撰写的,我决定用很多时间和精力把阿奇舒勒最好的 TRIZ 书籍、资料译成英语来满足英语读者的需求。第一次将阿奇舒勒的《哇!发明家诞生了》一书翻译成英文并成功出版,给了我很大的激励,使我继续从事这方面的工作。

1997 年 7 月,我在俄罗斯彼得罗扎沃德斯克参加了 TRIZ 两年一次的年会。与会期间,我再次见到 TRIZ 之父根里奇·阿奇舒勒。他对他的书的英译本成功出版、发行感到很高兴。他听说该书已被翻译成西班牙文,接着也许要翻译成日文和中文,他也感到非常高兴。在我到访期间,他又给了我翻译他另外一些重要书籍的许可。

本书的目的是对 TRIZ 的方法作一简要介绍,并对 TRIZ 重要的 40 项法则进行深入阐述。阿奇舒勒的"消除技术矛盾的基本法则"是本书的核心。这一部分在 1974 年的 TRIZ 研讨会上是发给与会成员的学习手册。在 1995 年夏天第一次见到这本手册时,我就惊叹于这本书上的插图是如何清晰而传神地描述 40 项法则所牵涉的概念。艺术家尤里、费多谢耶夫和出版者亚历山大·西里尤特斯基一起不厌其烦地将插图做得非常精美。书中的每一页他们都增加一幅漫画,描述这一法则的主旨。很显然,配有插图的这本书将会给致力于解决技术矛盾问题的读者提供介绍 40 法的出色的途径。

由于年代已久，原手册上的插图已褪色、损坏，需要花很大气力让这些插图恢复原貌。我们还增加了一些新的材料，修改了矛盾索引表，使其更方便使用，并且提供了一些例题、练习题以便读者学习之用。

这本书提出了独特的工具——40项法则，来消除或解决发明家经常碰到的技术矛盾。这些法则加上它们的附属法则，提供了解决发明问题的90种方法。

根里奇·阿奇舒勒在20多年前研发出这40项法则。他和他的同事们专门从顶尖工业领域中挑出成千上万例成功解决技术矛盾的发明专利进行研究。阿奇舒勒还格外重视研究那些既解决了技术矛盾又不影响系统中其他部分的例子。

阿奇舒勒发现，技术问题可以通过利用以前解决相似问题时所用的发明原理来解决。举例来说："磨损问题"，不管是发生在生产一个磨料产品，还是发生在挖泥机的刃上都可以利用"分割法"来解决。在发现了这类相关关系后，阿奇舒勒通过对成功的发明进行系统分析，归纳出40项法则。他还归纳出39种产生矛盾的技术系统的普遍特性。阿奇舒勒将这些发明综合起来制成了技术矛盾索引表（这个表附于书后），根据这个表可以不需妥协地解决1 000种以上的不同技术矛盾。

在以后的两年中，我计划翻译出版下列阿奇舒勒的几本书：

1. 创新大法。

2. TRIZ选集。这本书将根里奇·阿奇舒勒1987~1991年在俄罗斯《技术青年创造》期刊发表的文章编集成册。它包括阿奇舒勒专门为美国读者写的介绍，以及下列内容：

    a. 大胆创新公式

    b. 物理学的魔术水晶球

c. 小型无限世界

d. ARIZ 意味着胜利

e. 如何成为旁门左道者／另类者

f. TRIZ 成功后将如何

3. 由阿奇舒勒和夫人维兰蒂娜·左拉夫烈娃合写的介绍 TRIZ 思想的科幻故事。

4. 由彼得罗扎沃德斯克电视台制作的讲述 TRIZ 历史的录像节目。

我想向以下朋友表达我的谢意：阿勒克斯·西利欧特斯基对出版这本书的支持，里查德·兰格文帮助我编排这些资料，史蒂文·罗德曼帮助翻译和编辑，萝彬·卡特勒承担本书的设计。

我还想向拉瑞·史密斯、杰姆斯·克瓦利克、里查德·长普兰、西民·萨氏兰斯基、凯伦·泰特，特别是杰瑞·斯普莱特等为本书提供的建议表示深深的感谢。

对本书的每一位读者，我祝愿你们从此成功地迈向通往创造性技术的天才之路。

列夫·舒利亚克

1997 年秋

中译本介绍

本书的 TRIZ 40 法系统阐述了解决技术矛盾的法则，同时增加了操作性很强的"技术矛盾索引表"、新的关于 TRIZ 的理论和方法以及如何有效使用 TRIZ 40 法的指导材料。本书的编排既考虑了有经验的 TRIZ 应用者，也考虑了 TRIZ 的初学者。

全书分为五部分：

第一部分：对 TRIZ 和根里奇·阿奇舒勒研究工作的介绍。这一部分主要是为初次接触 TRIZ 的读者安排的，让他们了解 TRIZ 解决技术问题的特色和优越性。

第二部分：阿奇舒勒的完整的"消除技术矛盾的基本法则"——包括原书插图——直观地描述各项基本法则。

第三部分：列夫·舒利亚克撰写的"解决技术问题的三个步骤"，阐述如何结合"技术矛盾索引表"运用 40 项法则，从而成功地解决技术问题。这一部分包括例题、实践应用题和练习题，并附有答案和分析。

第四部分：附录。包括需改善的特性描述表、技术矛盾描述表、TRIZ 40 法总结、技术系统特性和美国提供 TRIZ 服务的机构。

第五部分：技术矛盾索引表。

目 录

第一部分　TRIZ 理论简介 ······················ 1
　　TRIZ 之父——根里奇·阿奇舒勒简介 ············ 3
　　TRIZ 介绍 ······························ 9

第二部分　TRIZ 技术创新 40 法 ··············· 27

第三部分　运用 40 法和技术矛盾索引表 ········ 153
　　解决创造发明难题的三个步骤 ················ 155
　　实践应用题 ····························· 158
　　练习题及解答 ··························· 165

第四部分　附录 ······························ 173
　　附表 1　需改善的特性描述表 ················ 175
　　附表 2　技术矛盾描述表 ···················· 176
　　40 法总结 ······························· 177
　　技术系统特性 ··························· 184
　　美国提供 TRIZ 服务的机构 ················· 185

第五部分　技术矛盾索引表 ····················· 189

第一部分

TRIZ 理论简介[*]

---

[*] 原著第一部分没有标题,为使全书体例完整,第一部分标题为编者加。

TRIZ 之父
——根里奇·阿奇舒勒简介

我们将谈论一位超凡脱俗之人，他的超凡脱俗不仅在于他研发了一门奇妙的创造科学，更在于他从不索取回报，他从未说过"给我"，他总是说："请将这个拿去"。他的名字是根里奇·阿奇舒勒。

1948 年 12 月，凯思片海军中尉根里奇·阿奇舒勒写了一封引来危险的信，信封上写着"斯大林同志亲启"。信的作者向国家领袖指出当时苏联对发明创造的无知和混乱状态。在信的末尾作者还表达了更激烈的想法：有一种理论可以帮助工程师进行发明。这种理论能够带来可贵的成果并可引起技术世界的一场革命。对这封信的冷酷的回复两年后才到达。现在，让我介绍一下这位鲁莽的海军上尉。

根里奇·阿奇舒勒于 1926 年 10 月 15 日生在苏联（1922—1991）的塔什干，他在阿塞拜疆的首都巴库居住了很多年。1990 年以后他移居卡累利亚的彼得罗扎沃德斯克。

阿奇舒勒在读 9 年级时就获得了作者证书（苏联内部的专利），专利作品是潜水器。读 10 年级的时候，他制作了一条船，船上装有使用碳化物作燃料的喷气发动机。1946 年，他完成了第一项成熟的发明，从没有潜水服的被困潜水艇中逃脱的办法。这项发明随即被定为军事机密，阿奇舒勒也因此被安排到凯思片海军专利局工作。

专利局的局长非常喜欢奇思妙想，一次他让阿奇舒勒为他的一个怪念头想出答案：给困在敌区的士兵找出不用任何外界支援而脱逃的办法。为解决这个问题，阿奇舒勒发明了一种新型武器——一种由普通药物制作的剧毒化学品，这是一项成功的发明。发明者被带去会见克格勃的头儿——贝利亚。4年以后，在贝利亚的一个监狱里，阿奇舒勒被指控为用这种发明骚扰红场的游行。阿奇舒勒是一位成功的青年发明家，是什么促使他给斯大林写那封毁掉他的事业并从此改变了他一生的信的呢？

"我要说的是"，阿奇舒勒说："我不但自己发明，我还有责任帮助那些想发明创造的人"。

很多人到他的办公室跟他说："请看一下这个问题"，他们说："我解决不了，怎么办？"

为了回答这些人，阿奇舒勒查遍了所有的科学图书馆，但是没有找到哪怕是最初级的有关发明的课本。科学家们声称发明是偶然的结果，或者跟一个人的情绪或血型有关。阿奇舒勒不能接受这种说法——如果还不曾有发明创造法的话，总要有人来做这件事。

阿奇舒勒将这个想法和他的同学拉菲尔·沙佩罗讲了。沙佩罗也很想成为发明家。在当时，阿奇舒勒已经意识到发明只不过是利用一些原理将技术矛盾消除。如果发明者了解并运用这些原理，发明就水到渠成。沙佩罗对这一想法非常兴奋，并建议他应该给斯大林写信以求得支持。

阿奇舒勒和沙佩罗开始准备。他们在搜寻新的方法，研究了所有现存的专利项目，参加发明竞赛。他们还在一次国家发明大赛中获奖。

突然，他们得到通知要到格鲁吉亚的第比利斯。他们一到达就被逮捕了。两天后，审讯开始，他们被指控利用发明技术进行阴谋破坏，被判刑 25 年。

这些事发生在 1950 年。读者可能会想这就是一个"为自己的思想而牺牲"的故事的开头。但是阿奇舒勒对自己的被捕有不同的看法。

"在入狱之前，我只是对单纯的人的疑虑而困惑。如果我的想法那么重要，为什么别人没有意识到呢？我所有的困惑都因 MGB（苏联国家安全部）而烟消云散"，他被捕以后，由于各种恶劣情况的出现，要想保存生命，阿奇舒勒利用 TRIZ 来做自己的保护。

在莫斯科监狱，阿奇舒勒拒绝签署认罪书而被定为"连轴审讯"对象。他被整夜审讯，白天也不许睡觉，阿奇舒勒明白如果这样下去他的生存无望。他将问题确定为：我怎样才能同时既睡又不睡呢？这项任务看起来很难完成。他被允许的最大的休息是在椅子上睁着眼。这意味着：要想睡觉，他的眼睛必须同时又睁着又闭着，这就容易了。他从烟盒上撕下两片纸，用烧过的火柴头在每片纸上画一个黑眼珠。他的同囚室友将两片"纸眼珠"蘸上口水粘在他闭着的眼睛上。然后他就坐着，冲着牢房门的窥视孔，安然入睡。这样他天天都能睡觉。以至于他的审讯者很奇怪，为什么每天夜里审讯他时他还那么精神。

最后，阿奇舒勒被转到西伯利亚的古拉格，他在那里每天工作 12 个小时。想到这样繁重的劳动难以支持下去，他向自己提问："哪种情况更好些？是继续工作呢，还是拒绝工作而被监禁起来？"他选择监禁而被转到监狱和罪犯关在一起。这里，求生变得简单多了。他向囚犯们讲了很多他熟记于心的科幻故事，从而他们对他都很友好。

之后，他又被转到另一个集中营，这里关押着很多高级知识分子——科学家、律师、建筑设计师——他们都在郁郁等死。为了使这些人燃起生之希望，阿奇舒勒开创了他的"一个学生的大学"。每天有 12~14 个小时，他挨个到每个重新激起生活热情的教授那里去听课，这样他获得了他的"大学教育"。

在另一个古拉格集中营瓦库塔煤矿，他每天利用 12~14 小时开发 TRIZ 理论，并不断地为煤矿发生的紧急技术问题出谋献策。没有人相信这个年轻人第一次在煤矿工作，他们都认为他在骗人，矿厂不想相信是 TRIZ 理论和方法在帮助解决问题。

有一天晚上，阿奇舒勒听到斯大林去世的消息，一年半以后，阿奇舒勒被释放了。在他返回巴库时，他才知道他的母亲因为看不到与儿子重逢的希望而自杀了。

1956 年，阿奇舒勒和沙佩罗合写的文章"发明创造心理学"在《心理学问题》杂志上发表了。对研究创造性心理过程的科学家来说，这篇文章无疑像一枚重磅炸弹。直到那时，苏联和其他国家的心理学家都认为，发明是由偶然顿悟产生的——来源于突然产生的思想火花。

阿奇舒勒在研究了大量的世界范围的专利后，依赖人类发明活动的结果，提出了不同的发明方法，即发明是从对问题的分析以找出矛盾而产生的。

研究了 20 万项专利后，阿奇舒勒得出结论，有 1 500 对技术矛盾可以通过运用基本原理而相对容易地解决。

他说，"你可以等待 100 年获得顿悟，也可以利用这些原理用 15 分钟解决问题。"

如果阿奇舒勒的反对者们知道 H·阿尔托夫（阿奇舒勒的笔名）所写的奇妙的科幻小说足够支持他的生活费用，而这些小说却都是利用 TRIZ 原理而写出来的，他们还能说什么呢？阿尔托夫就是用他的创造发明性思想来写这些小说的。1961 年，阿奇舒勒写出了他的第一本书《如何学会发明》，在这本书里他嘲笑人们普遍接受的看法，即只有天生的发明家。他批判了用错误尝试法去进行发明。50 000 读者，每人只需付 25 戈比就学到了第一组 20 个 TRIZ 发明法。

1959 年，为了使他的理论得到认可，阿奇舒勒向苏联最高的专利机构 VOIR（苏联发明创造者联合会）写了一封信，他要求得到一个证明自己理论的机会。9 年后，在写了上百封信以后，他终于得到了回信，信中要求他在 1968 年 12 月之前到格鲁吉亚的津塔里举行一个关于发明方法的研讨会。

这是 TRIZ 的第一个研讨会，也是他第一次遇到了认为是他的学生的人：彼得罗扎沃德斯克来的亚历山大·西里尤特斯基，列宁格勒*来的沃伦斯拉夫·米特罗范诺夫，瑞嘎来的艾萨克·布

---

* 编者注：列宁格勒为旧称，现已改名为彼得格勒。

契曼，等等。这些年轻的工程师——以后还有很多其他的人——将在各自的城市开创 TRIZ 学校。成百上千的从阿奇舒勒学校进行过培训的人，邀请他去前苏联不同的城市举办研讨会和 TRIZ 学习班。

1969 年，阿奇舒勒出版了他的新作《发明大全》。在这本书中，他给读者提供了 40 个原理——第一套解决复杂发明问题的完整的法则。

沃伦斯拉夫·米特罗范诺夫——列宁格勒技术创新大学的创建者——讲到关于罗伯特·安格林的故事。安格林是列宁格勒一位杰出的发明家，曾经饱尝艰辛，利用错误尝试法发明了 40 项专利。安格林有一次参加了 TRIZ 研讨会，整个会议期间他都沉默不语。大家都离开后，他仍旧独自坐在桌边，双手捂住头，"我浪费了多少时间啊！"他说，"多少时间……我要是早些知道 TRIZ 该有多好啊！"

苏联 TRIZ 协会于 1989 年成立，由阿奇舒勒出任主席。

——节选自利奥尼德·勒内尔 1991 年在
苏联杂志 *Ogonek* 上发表的文章

TRIZ 介绍

从根里奇·阿奇舒勒的自传中我了解到他研究分析了成千上万例从世界上顶尖工程技术领域中产生的专利。然后他又对这些专利中最有效解决问题的例子进行分析。这项工作使他对技术系统进化趋势的规律产生了最初的理解，也奠定了他创立解决发明性问题的分析方法的基础，然后成为 TRIZ 创造性解决问题的理论的基础。TRIZ 原理可理解为：

所有技术系统的进化都遵循一定的客观规律。

这些规律揭示出在技术系统的进化过程中，对其中任何一个已达到最佳运行状态的部分进行改善会引起和另一部分的矛盾冲突。这种冲突会最终引起进化程度较差部分的改善。这种持续的推进系统将系统推至接近理想状态。对这种进化过程的理解，可以使我们预见将来技术系统发展的趋势。

在过去的 40 年中，TRIZ 已发展成为解决创造发明难题的一套强有力的实践工具。今天，我们着重阐述如何将 TRIZ 的一些基本工具与其他方法、技巧结合生成系统创新法。阿奇舒勒的学生和他的追随者，在过去的 15 年中发展了这些附加工具。

这一部分我们简要介绍一些 TRIZ 的基本工具。有两个原因需要我们对 TRIZ 做简要介绍。

第一，对 TRIZ 初学者来说，有必要让他们首先了解 TRIZ 的术语和 TRIZ 的意义，以便他们能够有效地利用 TRIZ 40 法解决问题。

第二，有必要使读者熟悉 TRIZ 工具背后的哲学思想，以便他们能够充分地运用这套工具。

列夫·舒利亚克

TRIZ 的基础

1. 技术系统

每个起作用的系统都可称之为技术系统，技术系统的例子有小汽车、钢笔、书、刀子，等等。任一技术系统可以包含一个或多个子系统。小汽车的子系统有引擎、转向器、刹车，等等。每一个子系统本身也是一个技术系统（并包含自己的子系统），同时发挥自己的作用。技术系统的级别从最简单的只有两部分的系统，到最复杂的具有多个相互作用的部分。

下表描述了"运输"系统的技术级别。左边一列是技术系统的名称。它们逐级向下排列。表格中排列着和左边技术系统对应的子系统。

技术系统	技术子系统				
运输	汽车	刹车	地图	驾驶员	加油站
汽车	传动系	刹车	加热	操纵	电的
刹车	刹车踏板	液压缸	液体	刹车片总成	
刹车片总成	刹车片	安装板	铆钉		
刹车片	粒子A	粒子B	化学键		
化学键	分子A	分子B			

举例来说,"刹车"技术系统是"汽车"技术系统的子系统,它同时也是"刹车片"这个技术系统的上级系统。

当一个技术系统产生有害作用或作用不完善时,该系统就需要改良。这需要将该系统通过想象还原至最简单的状态。在TRIZ理论中,最简单的系统只包含两个部分,能量由一部分传向另一部分。

粉笔和黑板一起并不构成一个技术系统,除非有能量(机械力)通过粉笔和黑板起相互作用。技术系统"粉笔、黑板、作用力"则具有功能性,"粉笔黑板"、"粉笔"和"黑板",作为分开的成分自己又是独立的系统。"粉笔"有其分子结构,该结构内相互作用的成分产生一个合成物称之为"粉笔"。如果想改善该合成物的性质,则必须分析该合成物的分子系统所构成的技术系统。同时,"粉笔"又是"粉笔黑板"上级系统的子系统。

任一子系统都在上级系统的约束下起作用。在任一子系统中发生的改变都会引起高级系统的改变。解决技术问题时应随时考虑其上级或下级现存系统的相互作用。

另外,技术系统和生物系统很相似,他们不是永恒的,他们会产生、发展、成熟、衰败、灭亡,直至由一新系统所取代。

2. 创新级别

通过分析大量的专利,揭示出并不是每一个发明都具有相同的发明价值。阿奇舒勒提出有五个级别的创新。

一级创新：对于一个技术系统的简单改善。要求具备该系统相关行业的知识。

二级创新：一个包含解决技术矛盾的发明。要求从该系统相关行业中不同领域获取知识。

三级创新：一个包含解决技术矛盾的发明。要求从其他行业中不同领域获取知识。

一级创新其实谈不上创新，它提出了对现存系统的改善，但并未解决任何矛盾；二级和三级创新解决了矛盾，因此由定义可看出属于创新。

四级创新：一个具有突破意义的新技术的产生。要求从不同的科学领域获取知识。

第四级创新同时也改善一个技术系统，但并不解决现存技术系统的问题；相反，该创新依靠用一个新兴技术代替原有技术来解决问题。

五级创新：发现新现象。

由发现新现象推动现存技术系统达到一个更高的水平。

阿奇舒勒从他对专利项目的研究中得出结论：77%的专利属于一级和二级创新，对TRIZ方法的实践运用可以帮助发明家将其发明创造提高到三级和四级水平。

3. 理想化法则

任何技术系统的目的都是要产生某种功能。传统的工程思想是:"需要产生某种功能,因此,我们必须制造某种机械装置。"TRIZ的思路是:"怎样能不向系统引入新的机械装置而起到某种作用"。

理想化法则表明,任一技术系统在其生命进程中倾向于越变越可靠、越简单、越有效——亦即更理想化。我们对一个技术系统每进行一次改善,该系统就越接近于理想化。它的成本更低,需要空间更小,浪费的能量更少,等等。

理想化总是反映出最大限度地利用现存资源,包括系统的内部和外部资源,对这些资源利用越自如、越有意识,系统则发展得越理想化。我们可以从其接近理想化的程度来判断一个发明的程度——发明离理想化程度越远,系统的复杂性就越高——反之亦然。

那么当系统达到理想化时又怎样呢?机械装置消失了,但功能持续发挥。

例 南美洲某肉类加工厂向美国运送产品,运输过程中需要将肉类制品冷冻保鲜。飞往美国的货物运输机需要安装冷冻系统。当商业竞争激烈时,该肉类加工厂老板寻找方法降低成本。很明显他需要增加每班飞机的运输量。对该情况的分析表明,如果能够将飞机上冷冻系统的重量变为所运产品的重量,成本就会大大降低。他就是这样做的:在 5 000~25 000 米高空,空气的温度是 0°C,因此根本不需要冷冻系统。结论:不花任何成本地利用现有资源使系统接近理想化。

创造发明的艺术是消除阻碍、僵化的成分的能力，以便从质量上改善一个技术系统（本书中我们只涉及技术系统。实际上，以上说法适用于任何系统）。

有下列几种方法可以使系统更接近理想化：

A. 增加系统功能

例 一娱乐中心拥有收音机、录音机、CD 播放机和功放。

B. 将尽可能多的功能转换到系统中起最终作用的那一部分

例 钳子既能钳，又能剪切电线、剥电线包皮，还能将电线拧至需要的位置。

C. 将系统的功能转移至上级系统或外部系统

例 通常暖房中心的窗子是手动开关的，当外面气温低时就将窗子关上，当气温高时将窗子打开通风。一个新型的更理想化的系统设计出来能够自动开关窗子，这是通过安装对温度敏感的双金属弹簧来实现的。

D. 利用已经存在并可以利用的内部及外部的资源

例 弗吉尼亚的康特拉德公司设计了一种光谱天线，该天线利用房子现存的电线系统做附加接收器。

4. 矛　盾

如前所述，最有效地解决问题的方案是发明家解决了包含矛盾的技术难题，矛盾在何时何地发生？当我们想要改善技术系统中某一特性、某一变量时，会引起系统中另一特性或变量的恶化，此时矛盾发生了。通常在这种情况下需要考虑妥协方案。一个技术系统有多种特性（变量）——重量、大小、颜色、速度、硬度等，这些特性描述了技术系统的物质状态。在解决技术问题时，这些特性有助于确定问题中包含的技术矛盾。

例　提高引擎的马力（正向改善）会引起引擎体积的增加（负面效果）。因此发明家考虑部分增加马力以减少负面影响（妥协解决）。

提高飞机的速度，安装一个新的、更强大的引擎，将会增加飞机的重量，而其机翼不能支持其起飞；如果增大机翼又会增加阻力，影响飞行速度。

有一些例子表明，改善会引起矛盾，由于基本技术矛盾没有解决而不能充分达到改善的目标。这些矛盾称作技术矛盾是因为它们是在技术系统中产生的。TRIZ 40 法便用来解决这些技术矛盾。

还有另一类矛盾——物理矛盾。当对技术系统本身或技术系统中的某一部分产生互为相反的要求时，就会产生物理矛盾。有很多解决物理矛盾的不同方法（将矛盾要求在时间、空间上分开，改善物质状态等等）。

例　飞机在升降时必须用到升降轮，但飞行时又不需要升降轮，以免引起不必要的空气摩擦，这组物理矛盾是升降轮既需要出现又不需要出现。最终矛盾通过分离时间来解决：将升降轮做成可伸缩的。

对于跳水运动员来说，游泳池的水必须是"硬"的，以支撑跳水点；又应是"软"的，以避免伤及跳水运动员，物理矛盾是水必须同时又硬又软。这个矛盾通过分离空间来解决：水中充入一层气泡——游泳池中包含水和空气。

5．技术系统的进化

阿奇舒勒提出了八种技术进化模式：

1．生命周期

2．动态化

3．增长周期（从双系统转向多系统）

4．从宏观层次转向微观层次

5．共时性

6．上升性或下降性

7．部件不平衡发展

8．代替人力（自动化）

以下解释其中一些模式：

动态化模式 表明任一技术系统在其进化过程中从僵化状

态转变为灵活状态。这种转化可以概括为：一个固定系统获得一个节点、多个节点，以至整体系统变为完全灵活的系统。动态化也意味着将一僵化系统分成不同的成分，使其可以相对运动。

例 汽车的方向盘支柱有一节点使其能够升降；天线可以伸缩；飞机的升降轮可以伸缩。

完全自动化的例子是将两个方向相反的弹簧一个套在另一个里面并将其装入螺丝刀的杆内，使它完全灵活（旋转）。

增多模式 表明技术系统先进化为单一系统，然后自动增多。

当相似成分相加时称为同质系统，这种同质成分的合成形成新的性质。

例 两个船并排做成联体船比两个分离的船平稳，不同成分相加而形成异质系统，这样的系统可以起更多的作用，占据较少的空间。

例 折叠刀的生命周期是从一片刀片开始的，后来加上不同的部分——剪刀、起子、开瓶器等。

另一个异质系统的情形是增加相反的作用而产生更高一级的创新。

例 铅笔和橡皮擦加在一起；录音机能既录音又消音。

增多模式通常结束于异质系统中所有其他成分的不相容——将该系统驱至单一系统而开始另一轮新的循环。

转至微观层次模式表明技术系统在自己的生命中有减小的趋势，最后缩至微型状态（分子或原子状态）。

例

留声机从最开始的机械针（和唱片有机械接触），转变到光学系统由激光阅读器读取数码盘上的信息。

计算机鼠标原有一个球将手上的动作转换成电子信号，第二代鼠标是一个触摸板，手指的动作通过触摸板转变成电子信息。

TRIZ 的主要工具

法则

用来解决技术矛盾的工具叫做法则。

法则是向一个技术系统或在技术系统内部进行操作的最根本的方法。例如第 1 法则（分离法），建议找出从技术系统中将某部分分成很多很小的互相关联的部分。

例 怎样预防钉子扎破轮胎？分离法提出将轮胎表面做成很多很小很小的部分——成百上千、甚至上万个部分。

间隙运作法意味着将持续行动变为间隙式脉冲行动。

例 如果向草地持续浇水就会损坏土壤，一个脉冲喷水器就解决了这个问题。

这本书所阐述的 40 项法则，使我们能学到无数解决技术难题的方法而无需做任何妥协。利用哪一种方法，需工程师自己决定。

标准

标准是对技术系统进行组合和重组的建构规则。标准可以帮助攻克很多复杂的问题。

标准有两个作用：

① 帮助改善一个现存系统或是合成一个新的系统。

例 改装一个系统需要引入某种物质，但是问题自身的条件防止引入这种物质。

某工厂生产新型钢材，钢水中需加入不同的添加剂，为了避免搅拌机齿片在钢水中融化，必须在齿片外加上保护衣（层）。但是，保护层可能污染钢水混合物。

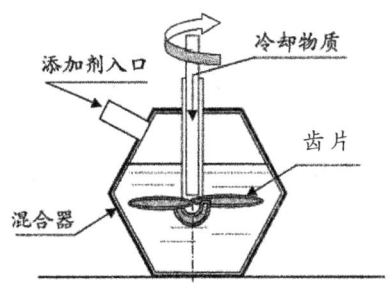

② 为解决问题提出最有效的图示模型，称之为物—场分析模型。

物—场分析模型是在问题的核心——真实矛盾发生之处，亦即操作区运作的，在这个区域里两个物质（成分）和一个场（能量）必须存在。对物—场模型的分析，帮助确定技术系统中的必要的改变，以便改善该系统。

下图描述了钢水混合器的问题。S_1是齿片，S_2是钢水，F_2是融化齿片的铁水热力，带箭头的波浪线代表热钢水S_2和齿片S_1的相互有害作用。为了保护齿片必须加入第三种物质S_3。在这个例子中S_3是S_2的变体，将冷气（F_3）吹至S_1，钢水即会在齿片上形成一层硬壳从而保护齿片不会融化。

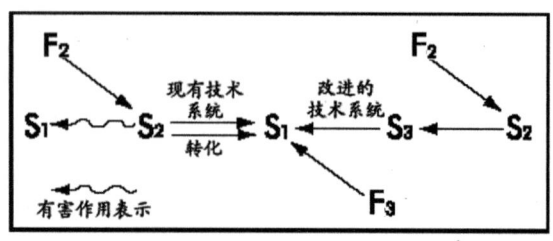

阿奇舒勒总结了72个标准,并将它们分为5大类型:

第1类:构建或毁掉一个物—场模型。

第2类:发展物—场结构。

第3类:从基本系统转换到上级系统或微型水平。

第4类:量度(测量)或检测一个技术系统的所有因素(成分)。

第5类:描述如何将物质或场引入技术系统。

ARIZ（创造发明方法学）介绍

ARIZ 是 TRIZ 的核心分析工具。它提出具体的、有序的步骤来解决复杂的技术难题。

ARIZ 的第一个版本是在 1968 年研发出来的，在以后的 20 多年中又对其作过多次修改。随着时间的推移，ARIZ 变成了解决各种各样技术难题的准确工具。

最新版本"ARIZ85C"是 1985 年出版的，其中包含 9 个步骤，每一步骤还有很多分步骤。下文简要介绍这 9 个步骤。

步骤 1　分析问题

将模糊的问题重新定义为简单清晰的问题或从小问题入手（去除行话或某一领域才使用的语言）。

例　某一技术问题包含成分 A、B、C，有技术矛盾 TC（讲明矛盾），有必要加入必要的作用 F（讲明作用）而对系统只产生最小的改变。这一结果是否能实现并不重要，重要的是讲明这个系统需要保持不变或变得简单一些。

步骤 1 也提供分析矛盾状态亦即技术矛盾的路子，这只需要决定哪个矛盾需要得到进一步解决。当这一步决定后，这个问题模型就建立起来了。

步骤 2 分析问题模型

画出简化地描述操作区矛盾的图形（操作区是具体的矛盾区），然后测评所有的资源。

步骤 3 建构理想最终结果（IFR）

通常，理想最终结果的陈述揭示在操作区中系统关键成分的矛盾要求，这是物理矛盾。

前三步骤的结果，是将一个模糊的问题转化为具体的物理问题——表明物理矛盾。

很多情况下，问题可以在第 3 步后得到解决。如果是这样，仍可以进行步骤 7、8、9。ARIZ 中还有一些附加步骤，提出解决矛盾的更多建议（方案）。

步骤 4 利用外部物质或场资源

如果问题仍不清晰，"微型小矮人"模型作为第 4 步，富有想象力地、更好地理解难题。

步骤 5 利用资料库

考虑利用标准解决法和物理性能资料库相结合的方法解决难题。

步骤 6 变换或重组问题

如果问题仍未得到解决，ARIZ 提议重返问题的开始并针对上级系统重组问题。这种循环过程可以重复几次。

步骤 7 分析去除物理矛盾的方法

这一步主要目的是检验问题解决的质量，物理矛盾是否被最理想地消除了。

步骤 8 利用已发现的问题解答

这一步引导你分析新系统和相关系统可能起的作用，并推动新系统应用于解决其他技术难题的研究。

步骤 9 分析导致问题解决的各个步骤

检查真正地解决问题的过程，并和 ARIZ 提出的解决问题的方法进行比较，如有不同的方法应记下来将来再用。

掌握强有力的 TRIZ 工具需要几个小时的学习，并要和解决很多实践问题相结合。我们希望 TRIZ 系列中其他相关书籍也将帮你解决技术难题。

第二部分

TRIZ 技术创新 40 法

TRIZ 技术创新 40 法

1. 分离法
2. 提取法
3. 局部质量改善法
4. 非对称法
5. 组合法
6. 一物多用法
7. 套叠法
8. 巧提重物法
9. 预先反作用法
10. 预先作用法
11. 预置防范法
12. 等势法
13. 逆向运作法
14. 曲线、曲面化法
15. 动态法
16. 部分超越法
17. 多维运作法
18. 机械振动法
19. 离散法
20. 有效运作持续法
21. 快速法
22. 变害为利法
23. 反馈法
24. 中介法
25. 自服务法
26. 复制法
27. 替代法
28. 系统替代法
29. 压力法
30. 柔化法
31. 孔化法
32. 色彩法
33. 同化法
34. 自生自弃法
35. 性能转换法
36. 相变法
37. 热膨胀法
38. 逐级氧化法
39. 惰性环境法
40. 复合材料法

1 分离法

A. 将一物体分成互相独立的部分

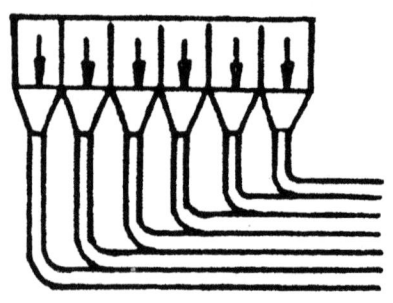

把一个90°的空气管道弯头分成一组互相独立的一排管道弯头，从而改善气体流通，并减小涡流。

B. 将一物体分成几部分（便于安装和拆卸）

　　临时交通灯的电杆是由可以折叠的部分组成，以便运输和安装。

C. 提高一物体的分离性

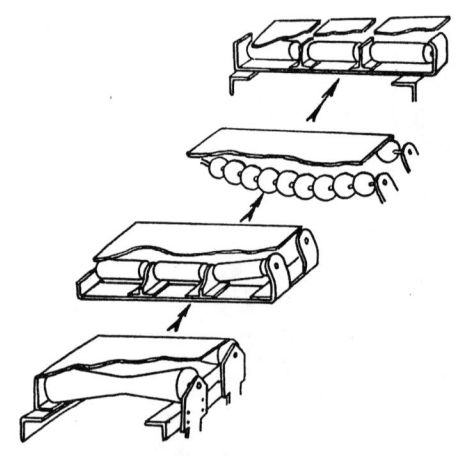

滚筒传送带的演变。

2 提取法

（提取、恢复、去除）

"大夫，我左下牙痛！"

A. 去掉一物体中的干扰部分或特性

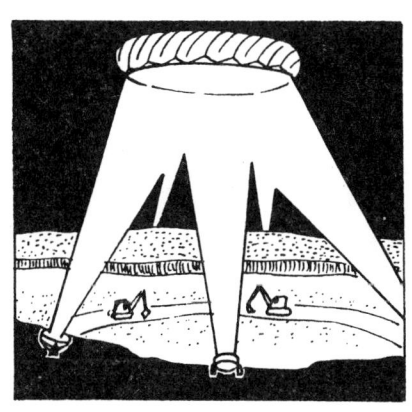

将一个反光器位置提高，以便反射在地面上安装的高强度灯光的光线，而不必将每个灯提高。

剪切　控光装置

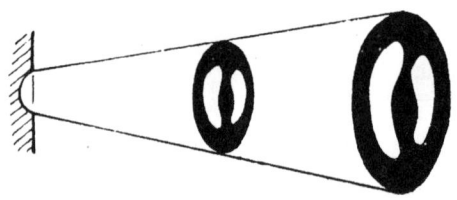

　　为防止病人过多地接触 X 光,一个特殊设计的铅屏使 X 光只射在必需的部位。

B. 只抽取物体中必要的部分或特性

矿区救援队过去要背负沉重的冷却箱，现在冷却箱改成了分体式并可置于地面。

 局部质量改善法

A. 将一物体的共性结构转换成异性结构或环境（行动）

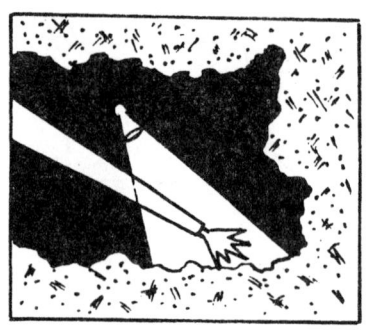

　　矿井中为减少粉尘，用喷水装置向采掘机和运煤机喷出锥状水雾。
　　水雾越细，防尘效果越好，但是太细的水雾阻碍工作。解决方案：在细雾之外加一束较粗的水雾。

B. 物体中不同的部分应起不同的作用

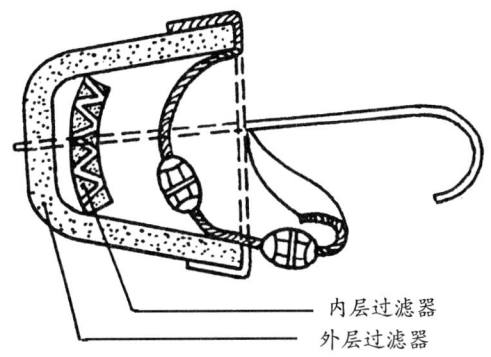

内层过滤器
外层过滤器

尘土过滤器是由孔状物构成的。外层过滤器的孔稍大,起初步过滤作用;内层过滤器的孔稍小,起进一步过滤作用。

C. 物体的每一部分都应处于促进整体运作的状态

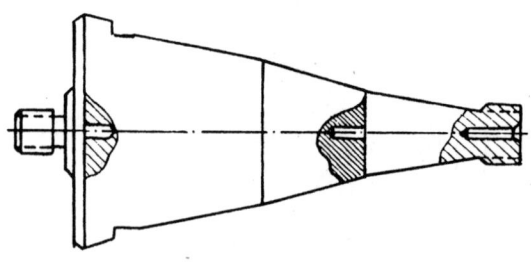

为了降低一个超声波钻孔机的温度，其核心部分用导热材料做成，外围部分用耐磨材料做成。

 非对称法

A. 用非对称性代替对称性

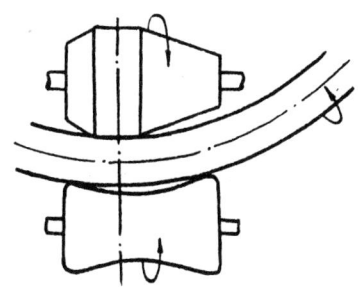

拉丝器由两个不对称的滚轴组成，一个凸面，一个凹面，以提高速度和质量。

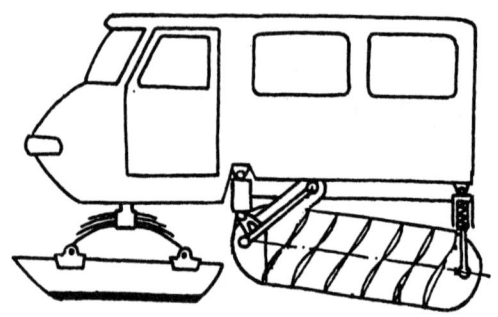

　　滑雪车的驱动鼓以适当的角度安装在车体下面,以便更好地在雪地上行驶。

B. 如果一物体已经不对称，可进一步增强其不对称程度

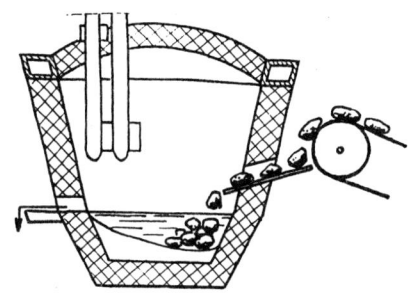

电力冶炼的电极非对称地置于炉中，以方便矿石的送入和金属熔液的流出。

⑤ 组合法

钓鱼和烤鱼同时进行很是惬意

A. 在空间上将有共性的物体和需要连续操作的物体组合起来

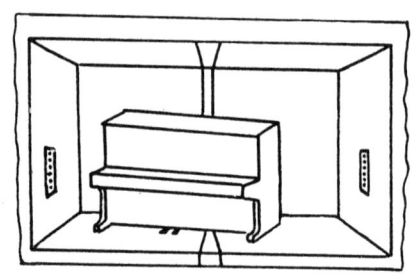

两个电梯可以并起来升降过宽物品。这就需要将两台电梯中间的部分去掉。

三体船船体间波浪的干扰，可减轻水对船的摩擦力。

B. 从时间上将有共性的部分和需要持续操作的部分组合起来

掘进器装上喷嘴,将蒸汽喷向冻土以便采掘。

6 一物多用法

一物体能够起多种不同的作用，因此，其他部分可以除去

机帆船装上沉重的电池可同时起必要的压舱作用。用帆航行时，推进器给电池充电；无风时，电池使推进器工作。

帽子可以用作手提包。

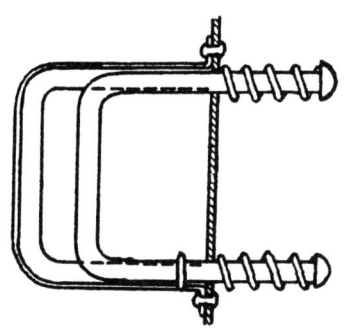

手提箱的提手可以用做延长器。

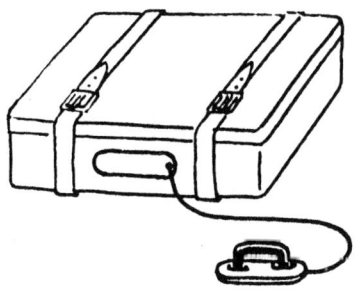

行李箱的把手可用做熨铁。

7 套叠法

A. 一物体套在另一物体内，并可形成重重叠叠

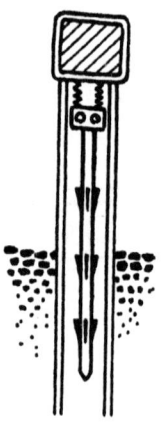

安装水泥管道时，在管道内部同时装有振动器。

一个悬浮式储油箱能够同时存储不同型号的原油。

超声波浓缩器采取套叠法以缩短实际长度。

B. 一物体穿过另一物体

 **巧提重物法**

A. 将需提起的重物和有上升性质的物体结合起来

用气球使电缆临时跨越河流。

B. 给需要提起的物品加上空气动力或由外部环境引起的水动力

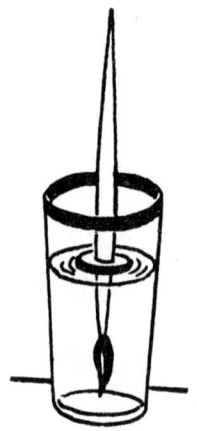

有浮力的材料制作毛笔笔杆。

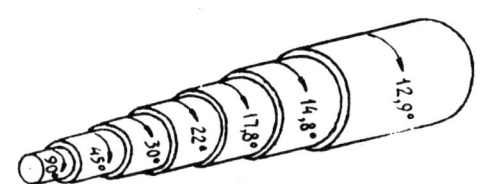

组合涡轮机轴由几个和总轴反方向拧上的短管组成。这样可减轻重量并提高轴的强度。

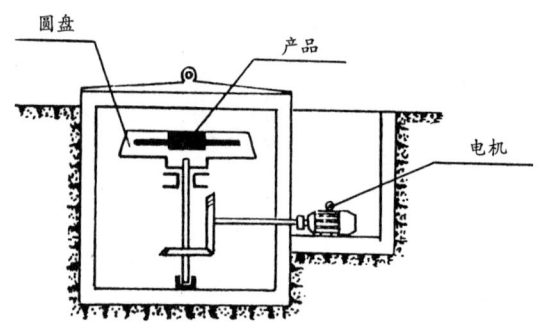

一个新技术用来制造具有预应力的产品。将产品放置在一个转盘上。旋转过程中，当产品冷却时会获得内部压力，像预应力混凝土一样；过程结束后，该产品能够承受高强度拉力。

10 预先作用法

A. 部分或全部地预先施加所需的改变

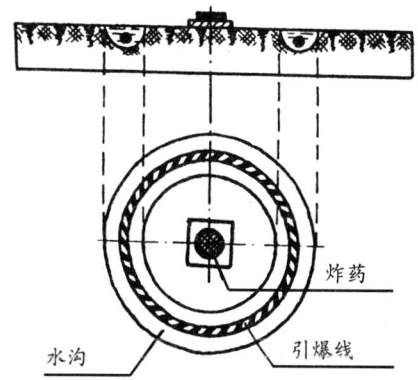

在空旷地带施行爆破操作时,用水"帘"减少尘土。这种水帘由预置在水沟中的水激成。

树木在砍伐前先注入所需颜料，使其内部产生所需的颜色。

B. 将有用的物体预置,使其在必要时能立即在最方便的位置起作用

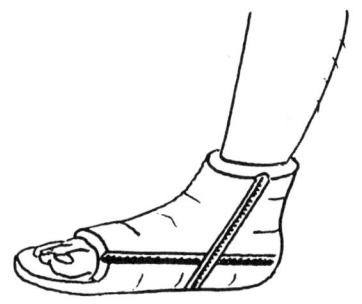

打石膏时预置锯片,以便取石膏时既方便又不会伤及皮肤。

11 预置防范法

对具有较低可靠性的物品预置紧急防范措施

为防止水的渗漏，水库底部预铺一层塑料。

在路的急拐弯处放上旧轮胎以防止事故。

 有毒液体

有毒液体容器外贴上特殊标志，以便容易辨认。

　　为防止偷窃，商店中的物品加上磁片。未经付款的物品在带离商店时会触发报警器。

12 等势法

改变工作状态而不必升高或降低物品

集装箱不是被直接吊起装上卡车,而是用液压机稍微顶起即推入卡车内。

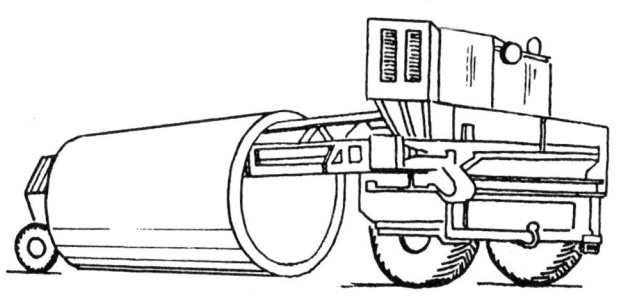

　　运送大型预制混凝土管的卡车不必起吊管子,而是用加了轮子的"车臂"穿过管子,使它稍离地面,即可运至目的地。

13 逆向运作法

现在你的姿势正确了!

A. 不用常规的解决方法,而是反其道行之(如需加热时反用冷却法)

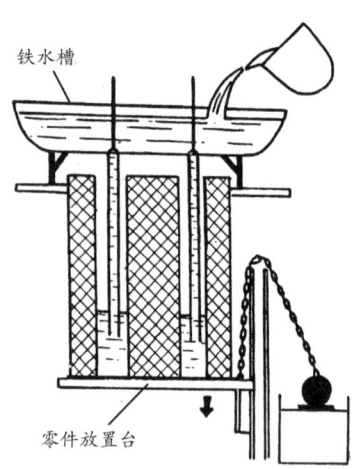

铁水槽

零件放置台

当铸造大型薄壁零件时,让装有铁水的容器静止,而让放置零件的工作台运动。

B. 使通常运动的部分或环境静止,而让通常静止的部分运动

一个游泳训练装置,让水流动而游泳者位置不变。

C. 将物体倒过来放置

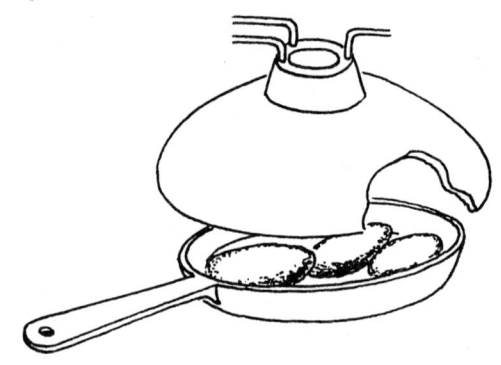

将锅盖安装上电炉装置，以便能够从底部和顶部同时加热食物。

曲线、曲面化法

A. 将直线变成曲线,平面变成曲面,方形变成球形

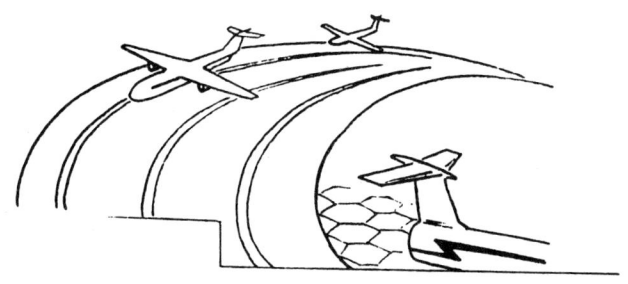

机场中的圆形跑道有无限的长度。

B. 利用滚筒、球体和螺旋体

机动犁不用刀片而用滚筒式犁头,这样可使工作效率提高1倍。

C. 利用向心力将线性运动变成圆周运动

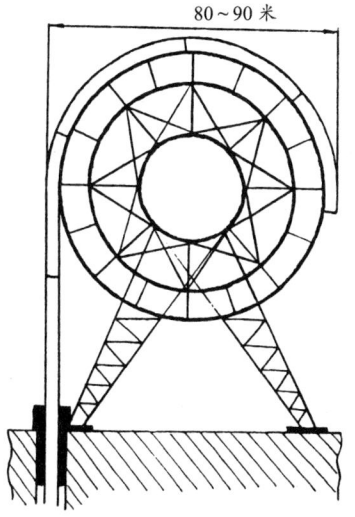

油井架装有直径 80～90 米的转轮。它可以不需拆卸地取出钻杆,并提高速度 6 倍。

15 动态法

A. 改变物体的性质或外部环境，以使操作的每一步都能达到最佳效果

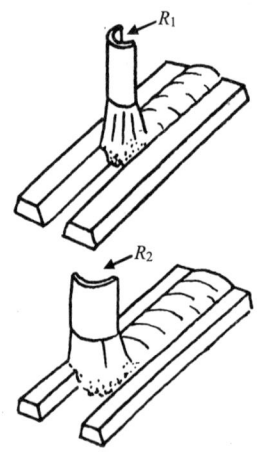

电焊条在焊接过程中可调整直径，以控制焊缝的大小。

B. 将非运动物体变为动态的,增加其运动性

跳舞时能旋转的裙子。

C. 将一物体分成能够改变相对位置的不同部分

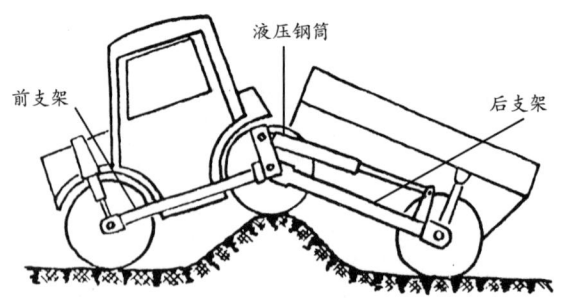

适应于崎岖路面的货车卡车。

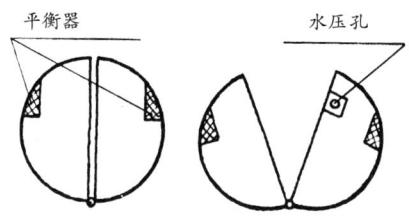

潜水球由两个铰接的半球组成。

16 部分超越法

如果不能达到 100% 的效果，争取部分达到或超越理想效果

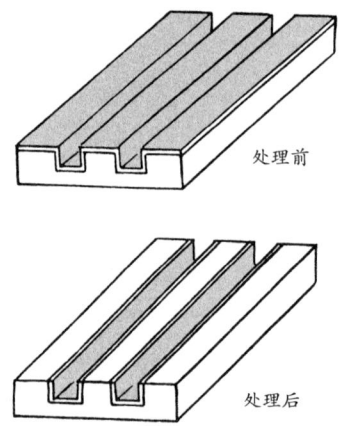

处理前

处理后

生产磁发电机导体时，在陶瓷板上涂一层强磁性导电材料，过量的部分后来处理掉，在板槽中留下适量的强磁性导电材料。

为了减少预防冰雹时使用的化学试剂用量，只攻击将形成冰雹的那部分云层。

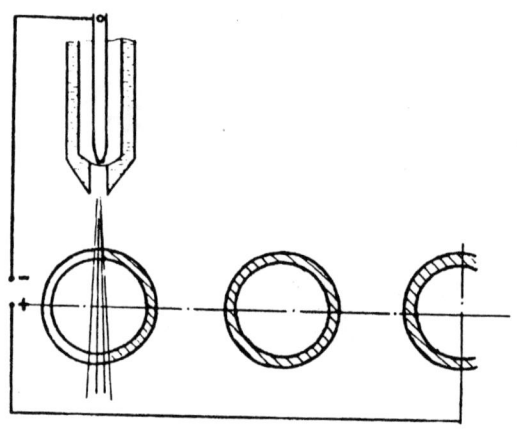

　　为了看清等离子切割过程,让等离子弧发出过度的火苗,从而保证完全切割。

17 多维运作法

A. 将物体的运动或布置由一维变为二维,或将二维变为三维

溜冰场中的扫雪装置安装在扫雪车的下部(而不是前部)。

B. 利用物体的多层结构

C. 将物体竖置

原木竖起来存放

D. 利用物体相反的一面

在树下放置反射器来提高对太阳光的利用（增加光合作用）。

E. 将光线照到物体相邻的区域或物体的反面

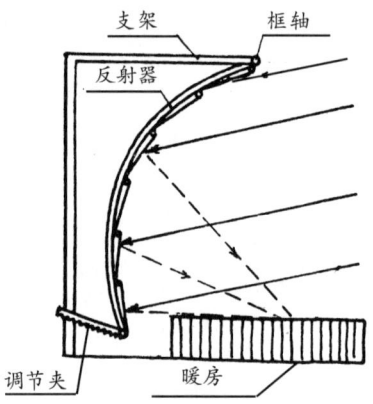

在暖房放置太阳能接收器。

18 机械振动法

A. 利用振荡作用

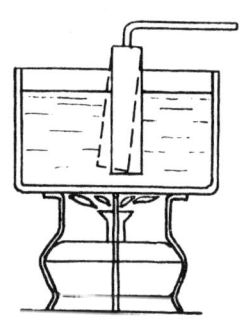

运用涡流和低频振动减少烹调时间。

B. 如已有振动存在，提高振动频率以达超音速

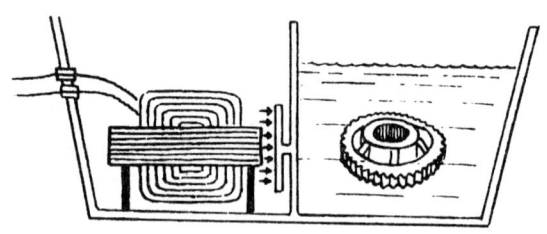

机械零件在超音速振动的液体中得到清洗。

C. 应用共振的频率

D. 用压电振动代替机械振动

E. 将超音速振动和电磁场结合运用

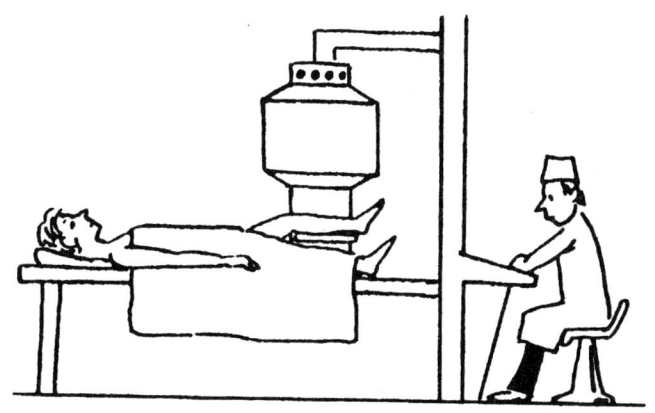

在手术中采取超声波接骨法。

19 离散法

A. 将持续运动变成间隙运动（脉冲法）
B. 如果运动已经是间隙性的，改变间隙频率
C. 利用间隙提供附加作用

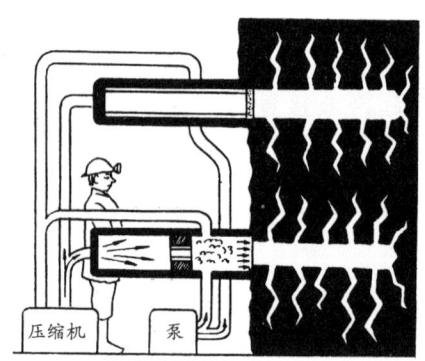

挖煤机钻头充上水并加上脉冲压力，以便更好、更容易地挖煤。

脉冲加压的灌溉机喷出的水对土壤损害较小。

利用脉冲原理使烟囱冒出的烟变成间歇的环状烟雾,并能升至 3 000 米的高空。

 有效运作持续法

A. 不间断持续动作。一物体的各组成部分应持续保持其全能状态运行

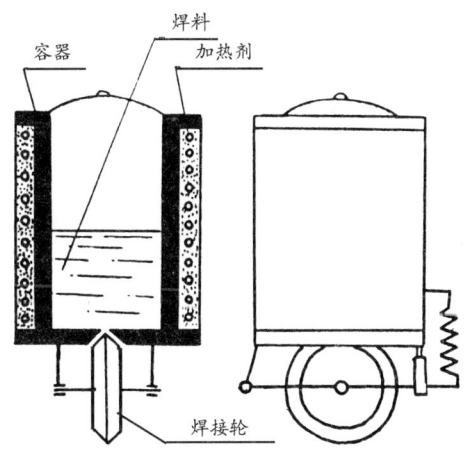

焊接机的焊头做成滚轮状,以便持续作业。

B. 去除闲置和间歇的部分

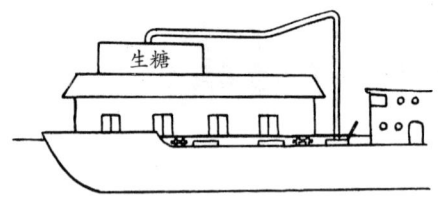

运油轮在卸掉油时装运糖。

C. 将"来回"运动改为"转动"

转动的实验室桌。

21 快速法

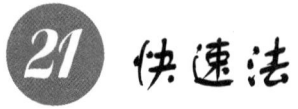

极快速运行有害而冒险的操作

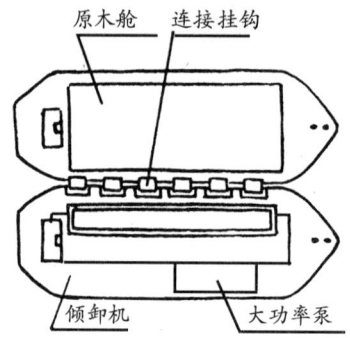

在卸掉驳船上装载的原木时，必须将船体倾斜至不安全的角度。减少危险的方法是将船倾斜至仍然安全的角度，然后猛地倾卸。此法可以通过从助卸器中将水快速泵出而实现。

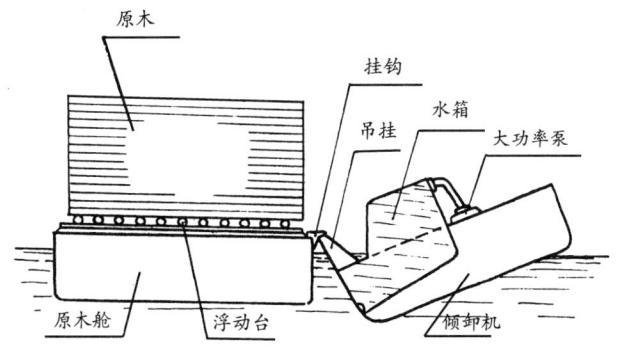

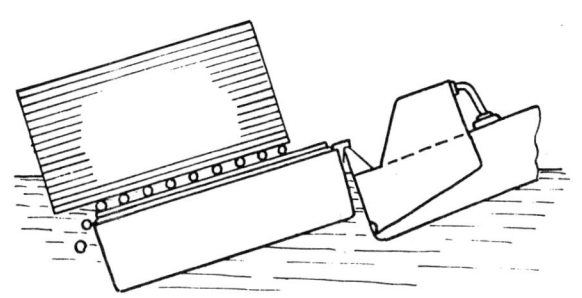

22 变害为利法

A. 利用有害因素，特别是环境方面的有害因素来获取有益结果

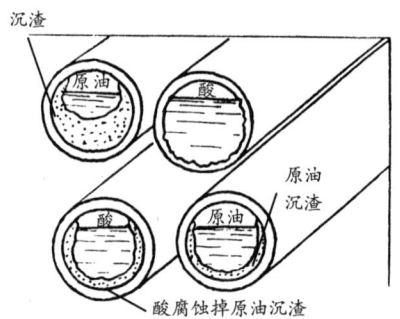

当液体通过管道时会在管道内壁留下沉积物；当酸性液体通过管道时会腐蚀管道内壁。让液体和酸性液体轮流从管道通过，就会同时解决两种问题。

B. 将一有害因素与另一有害因素结合，抵消有害因素

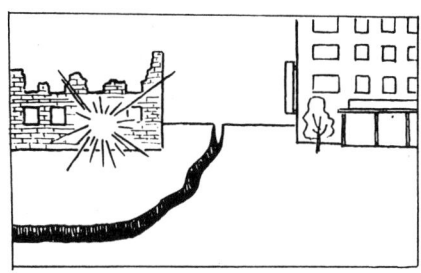

在炸毁旧房子之前，为降低振害，先在周围挖一道深沟。爆炸时，振动波到达深沟时，即会反射回来从而抵消冲击波。

C. 提高有害运作的程度以达无害状态

在红色胎记处注入绿色颜料。

23 反馈法

A. 引入反馈法

B. 如果反馈已经存在,将其改善

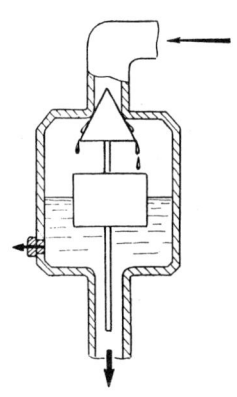

汽化器中的燃料通过燃料箱中的浮筒自我调节高度。

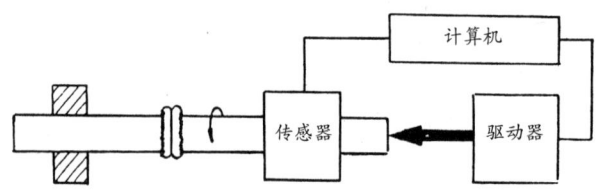

摩擦焊接过程中的压力是由焊接表面摩擦力的相互作用来控制的。

24 中介法

A. 利用中介物质转换或执行一种运作

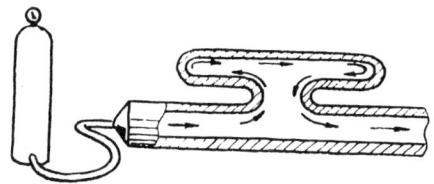

为在一复杂形体的内壁涂防护层,可将防护物质混入加热气体泵入该物体内壁。

B. 临时将原物体和一个容易去除的物体连接

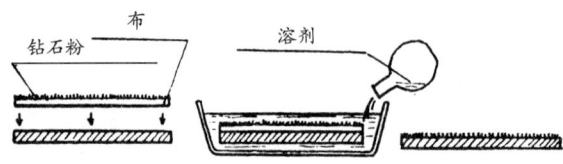

　　为了生产单层钻石盘（片），先将钻石粉密布于一层布上，再将粘了钻石粉的这层布粘到盘片上，然后将布通过丙酮腐蚀掉。

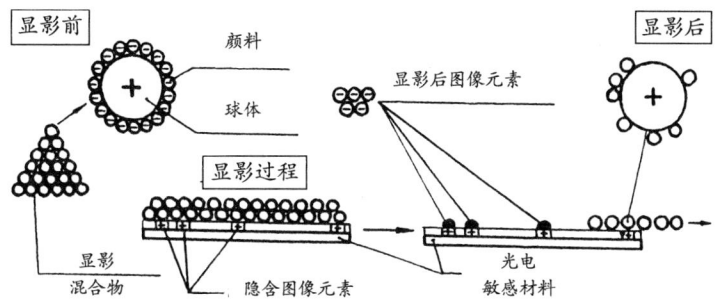

干显影机由带正电的绝缘球体构成,球体表面覆盖着带负电的颜料粒子。在显影过程中,颜料粒子受到隐含图像所带的更强的正电吸引,而从绝缘球体被吸附到相片层上。

25 自服务法

A. 一物体能服务于自我,并能执行辅助和修理的功能

水下呼吸器的气压是 200 psi*,当空气到达潜水员肺部时,气压必须降至 3~4 psi。为达减压目的,压缩空气被传送到潜水员背上活动的助推器(可折叠)内,可使水下运动距离提高 7 倍。

注:1 psi ≈ 72 Pa。

B. 利用废物和废弃的能量

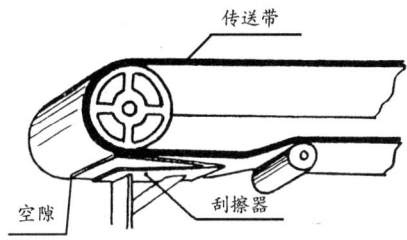

传送带的擦刮器磨损很快。理想的擦刮器应永不磨损。建议：增加擦刮器和传送带之间的间隙。松散物质上的粉粒会掉落在擦刮盘上，从而减少空隙而起到擦刮作用。

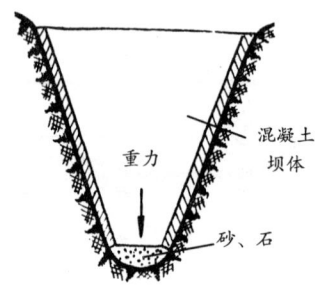

——锥形混凝土坝体可以在地震中自行下陷,从而起到自我保护作用。

26 复制法

"别打扰,我正在开飞机!"

A. 不便于操作的易损、易碎物,应由简易的和便宜的复制品替代

B. 可见光仪器可由红外线或紫外线仪器替代

医生可用一立体镜来观察病人的三维图像。

C. 用光学图像替代单件物品或系列物品，然后图像可以放大和缩小

为测量正在运行的货车上的圆木，可以通过对所运圆木拍照，然后根据照片进行测量和计算。

27 替代法

用便宜的物品代替贵重的物品,对性能稍作让步(例如寿命因素)

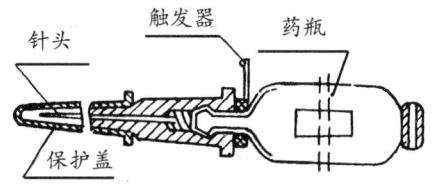

一次性使用针头

 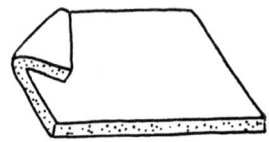

一次性捕鼠夹　　　　一次性尿不湿

纸衣裙／服装

28 系统替代法

A. 用光学、声学、热学及味觉系统代替机械系统

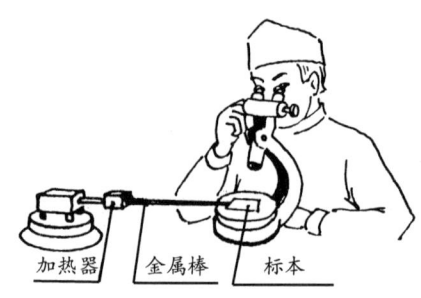

用电热器加热金属棒，使显微镜下的物质做微量运动。

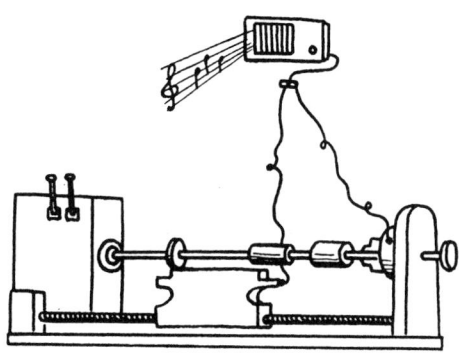

抛光过程通过话筒来控制，声音的改变表示过程的结束。

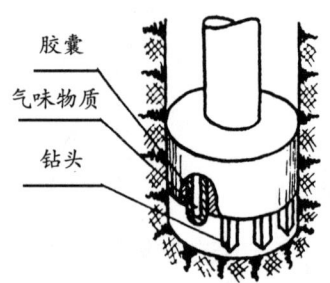

用味觉方法来检测齿轮上齿的破损状态。

B. 运用电场、磁场和电磁场和一物体进行相互作用

C. 变换下列场

- 用运动场代替静止场；
- 用随时间变化的场代替静止不变的场；
- 用有组织的场代替随机的场。

D. 利用场和强磁性物质

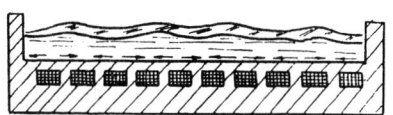

在融化的金属表面生产玻璃的方法：电磁波可以使融化金属的表面成为波浪状，从而使毛玻璃能够产生具有波浪涟漪形状的花纹。

29 压力法

用气体或液体替代物体的固体部分,从而可利用空气或水产生膨胀,或利用气压和液压起缓冲作用

货车上的货物用气囊来保护。

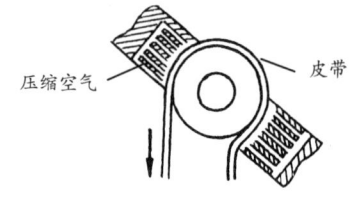

用压缩空气将皮带置于轴(轮)上。

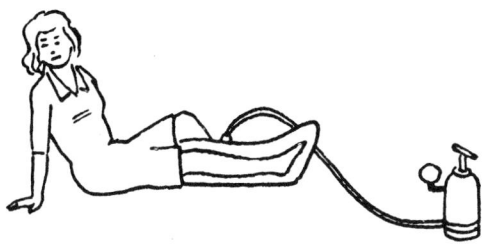

可充气的塑料护体代替传统的固定用石膏。

 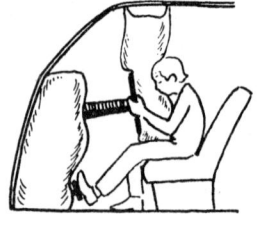

用气帘来代替烟囱壁。　　汽车中的安全气囊。

在长方形轮船上，船体前面的水柱起到弓形船头的动态作用。

30 柔化法

A. 用灵活的或薄膜表面代替通常结构

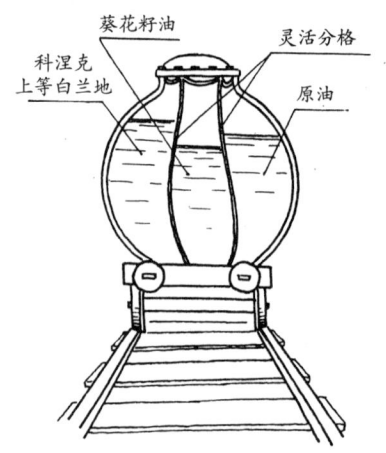

压缩空气

可调整焦距的镜子由镜子加上很薄的可调表面组成。在可调表面和镜子之间充入气体，就会改变镜子表面的曲率。

B. 用可调的表面或薄膜表层将物体和外部环境隔开

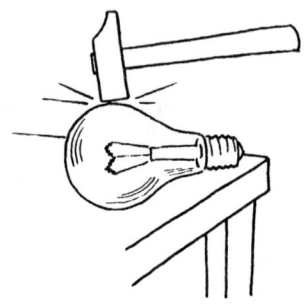

电灯泡加上很薄的橡胶层能耐高压。

31 孔化法

专利 带孔的灯泡
获最佳照明效果

A. 给物体加孔,或运用有孔的辅助物(插入或覆盖等)

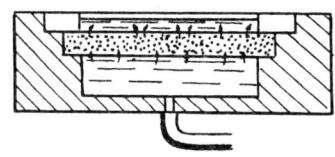

液压系统中,泵出的油通过孔状盘来起阀门的作用。

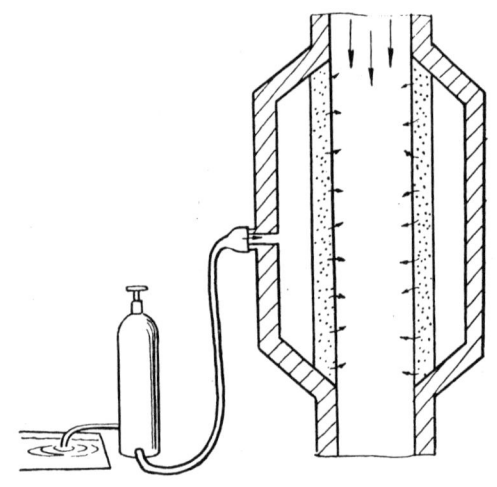

为防止表面沾染硬物或杂质，物体壁用有孔物制作以便将特殊液体随孔泵出，清除表面杂质。

B. 如果一物体已经有孔，事先向孔中充入相应物质

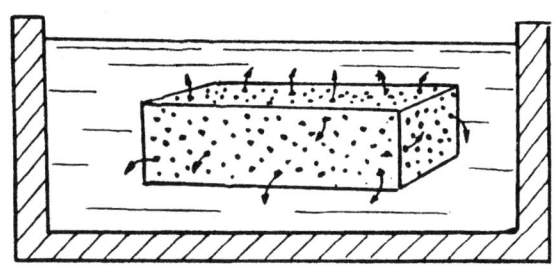

在液态金属中加入添加剂。可采用将浸透添加剂的砖头放入液态金属的方法（添加剂会自动与液态金属融合——译者加）。

32. 色彩法

A. 改变物体或环境的颜色

将冰山漆成红色，以便人们在远处容易发现。

B. 改变物体和环境的透明度

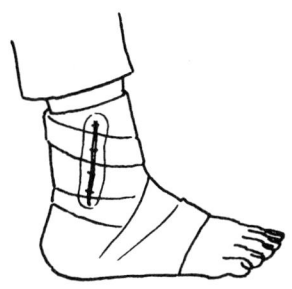

绷带由透明物质做成,以便观察伤口的变化情况。

C. 在物体中加上颜色添加剂，用以观察难以看到的物体或过程

D. 如果已经用了添加剂，则考虑增加发光成分

在炼钢厂，彩色水帘保护工人免遭紫外线。

33 同化法

和主要物体相互作用的物体应该用同样的材料做成，或具有相同的性质

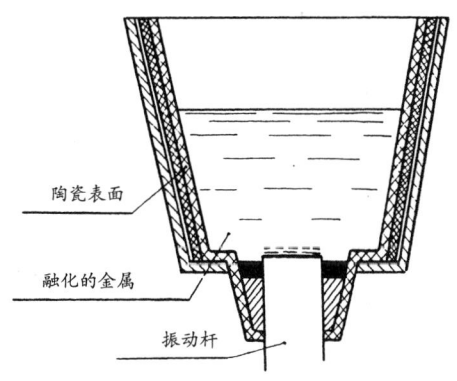

陶瓷表面
融化的金属
振动杆

在融化的钢水中，传递超声波的振动杆会脱落一些成分到钢水中，为防止污染钢水，振动杆选用和钢水一样的材料。

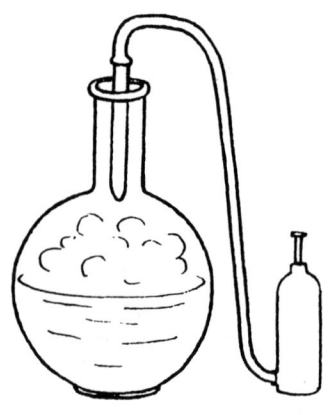

将热量传导到吸热反应区的方法是：烧瓶中的热蒸汽本身就是该吸热反应的传输者。

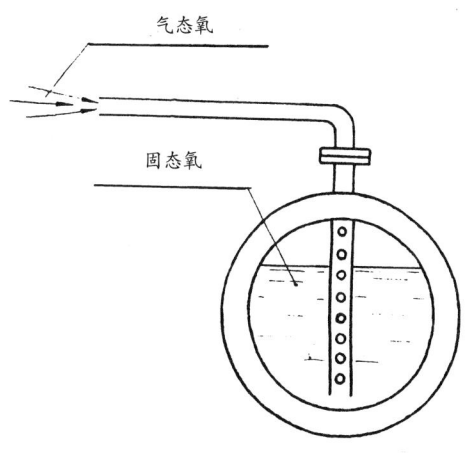

用气态氧解冻固态氧。

34 自生自弃法

A. 当作用完成后或物体本身不再有用时，物体中的一部分自动消失，或在操作过程中自动调整

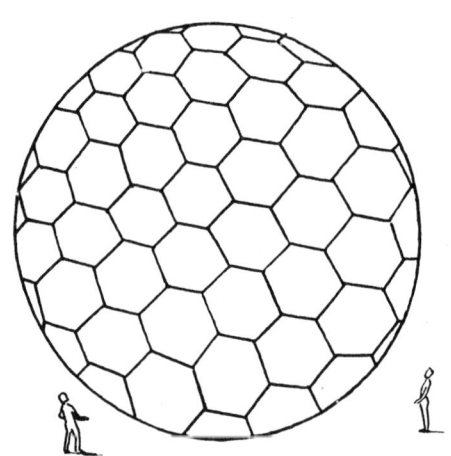

卫星天线在置入轨道时受压缩空气作用而膨胀，压缩空气将薄膜撑起使天线变成球形，太阳光和真空部分使薄膜自动消失，从而使天线能反射无线电波。

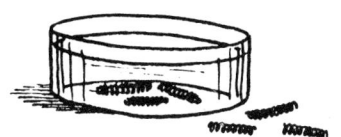

制造微型弹簧的方法是在弹性芯上绕弹簧,而后在液体中将芯溶化。

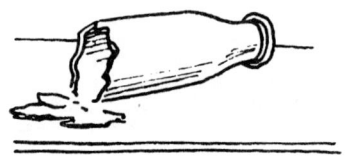

瑞典公司已开始生产可自动降解的环保瓶。

B. 物体中用过的零件应在工作过程中重新发挥作用

制造大型橡胶球的方法是用粉笔和水的混合物做成球体,球体外覆盖橡胶。然后放入烤箱中烘烤,把粉笔溶化。

35 性能转换法

A. 改变系统的物理状态

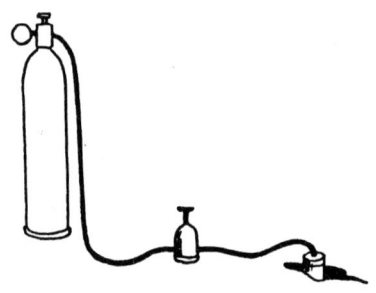

将炸药以气体状态送入地下特定的深度,以产生相应的冲击波。

B. 改变浓度或密度

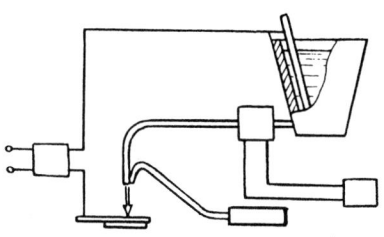

电弧焊接过程中,电棒通过电磁泵产生液态金属流。

C. 改变灵活程度

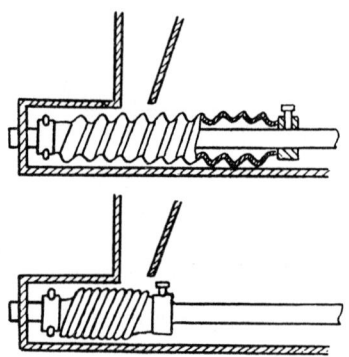

用内部装有簧片的弹性物质做成流体的定量调节器，通过调整簧片间距来控制流量。

D. 改变温度或体积

36 相变法

运用物态转换（如改变质量、释放或吸收热量等）

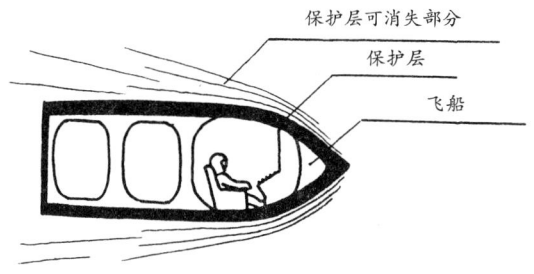

使外保护层的一部分蒸发掉，以保护太空飞船不致过热。

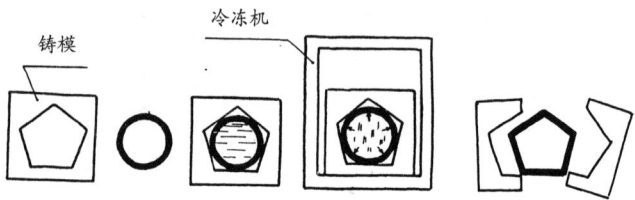

用在铸模内部加上水使其结冰的方法来铸造金属零件。

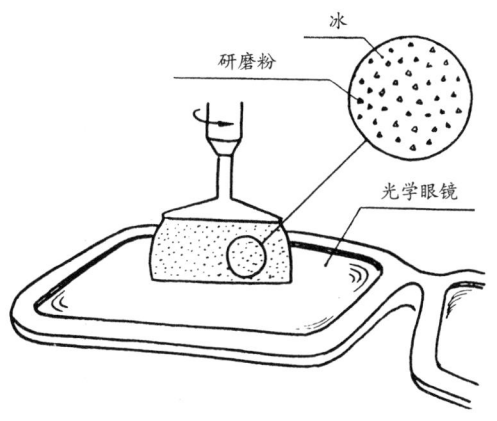

将水和磨砂的混合乳状物结冰来制作高效磨石。

37 热膨胀法

A. 改变温度，利用物体的热胀冷缩性

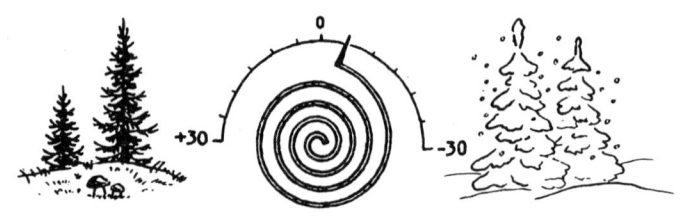

用两个金属条制作温度计。

B. 利用不同材料之间不同的热膨胀系数

在轴承中由热膨胀产生的空隙，可以由两个具有不同热膨胀系数的金属做成锥形体来调整。

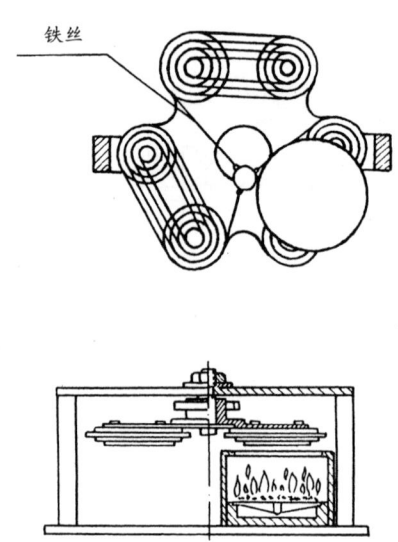

电机马达的旋转由具有不同膨胀系数的铁丝的胀缩来实现。

38 逐级氧化法

利用从一级向更高一级的氧化转换

- 从空气到氧化空气。
- 从氧化空气到氧气。
- 从氧气到离子氧。
- 从离子氧到臭氧化氧。
- 从臭氧化氧到臭氧。
- 从臭氧到单氧。

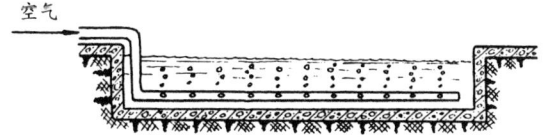

空气通过有孔管道泵入卫生站,增强细菌对水的清洁作用。

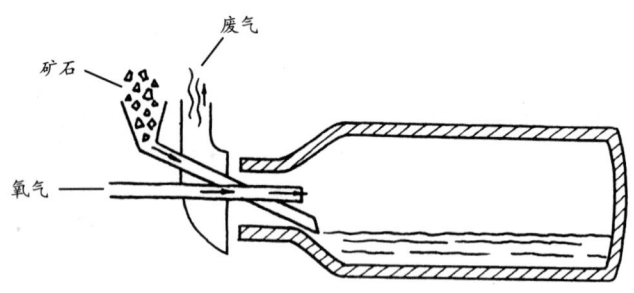

在炼铁炉中加入纯氧,可直接将液体金属制成铸铁。

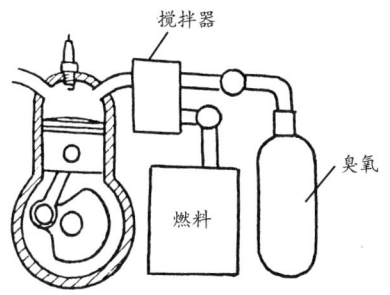

在潜水艇压缩舱的发动机中用臭氧做氧化剂,可使燃料得到充分燃烧。

 **惰性环境法**

A. 用惰性环境代替正常环境
B. 将中性物质或添加剂引入一物体
C. 在真空中完成某种操作

用泡沫隔离氧气,起到灭火作用。

为防止焊缝的氧化,将惰性气体(稀有气体)罩在电弧上。

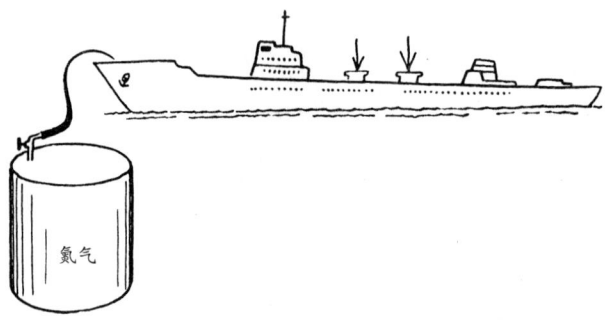

为防止腐蚀，大型轮船的所有内部空间均被充上氮气。

40 复合材料法

用组合物质来代替同类物质

将具有高熔点的金属纤维加入焊接剂来增加其强度。

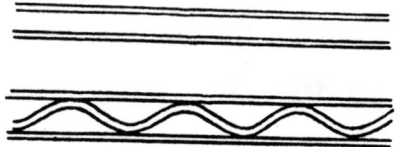

内层有波纹纸的包装盒（箱）能承受高强度挤压。

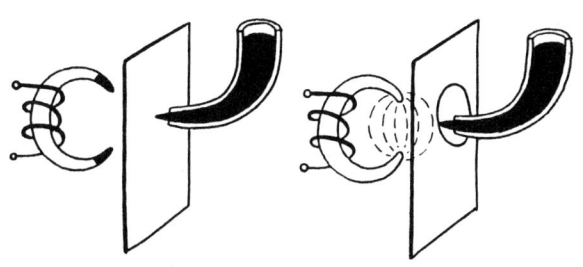

图像由通过磁场作用过的磁性墨水形成（颜色加上强磁粉，做成磁性墨水）。

第三部分

运用40法和
技术矛盾索引表

解决创造发明难题的三个步骤

列夫·舒利亚克

步骤 1　分析技术系统

这一步骤确定需要改善的系统特性（描述系统物理状态、性能的变量）。

步骤 1 中有三个不同的阶段。第一阶段需要确定系统中各单独成分。第二阶段需要找出最原始的问题。最后阶段要明确需要改善的那一部分的特性。

对技术问题的了解始于对技术系统的分析。通过分析可以了解组成系统的各个部分（子系统），系统所从属的上级系统以及问题本身的根源。

当对这些成分有了足够的理解，就能够了解整个系统的持续情况：系统的过去、现在以及将来在各个子系统和上级系统可以发展的情况。

消除引起问题的原因比消除问题所造成的影响要容易和有效得多。头脑中设想一个系统向前发展或向后倒退所能起的作用使我们理解系统的工作条件。理解技术系统的将来也会揭示出新型的、不可预见的、没有目前问题的工作条件——从而使问题自动得到解决。

头脑中对系统的过程进行一番审视，查出可否在技术发展过程中的上一步就将问题解决。在不少情况下，这种分析会揭示问题的解决方法或使问题整体消除。

　　最后，步骤 1 包含着改变技术系统特性的两个选择：

　　① 提高现存的正面特性

　　如将船（技术系统）的速度从 10 海里/小时提高到 30 海里/小时（注：1 海里/小时 = 1.85 千米/小时）。

　　② 消除（淡化）负面特性

　　一个技术系统有可能在起正面作用的同时起到一些有害作用。步骤 1 的目的是要消除或淡化有害作用。如消除由于提高船的速度而引起的噪音。

　　附表 1（找出需改善的特性）可以帮助我们完成步骤 1。

步骤 2　指出技术矛盾

　　如果技术系统中有一部分得到改善，指出哪个相应部分会因之恶化，从而明确技术矛盾。

　　如前所述，技术矛盾是发生在技术系统中的冲突。步骤 1 已确定必需改善的特性。步骤 2 指出必须解决的技术矛盾。如果对技术系统中某一部分特性的改善会引起系统中另一部分的恶化就表明存在着冲突，亦即存在着技术矛盾。

　　附表 2（指出技术矛盾）给你提供这个过程的具体指导。

步骤 3　解决技术矛盾

　　这一步是利用 40 项法则和矛盾索引表来解决（消除）技术矛盾。

　　当明确了技术矛盾后，40 项法则和矛盾索引表（附录）就变得很有用了。在本书中，索引表分成五个部分，以五个不同的表格形式呈现给大家。

任何技术系统都可由 39 种普通技术特性来描述。需要改善的特性排列在表的左列，可能变差（恶化）的特性列在表的上面一行。

表的上面一行的特性和表的左边一列的特性完全相同。只是上面一行并未列出每一特性的具体内容而是用数字来代替。为方便起见，40 项法则依次排列在表中右边的一列中。每项法则的解释可参考书中 40 项法则部分的内容。用这些法则和索引表进行工作时，请记住这些法则可以提出解决技术矛盾的最佳方案。当接受某一方案会引起另一问题时，不要马上自动放弃这一方案，找出解决另一问题的方法——如果必要的话，解决另外附属的问题。这种方法通常用来解决复杂的问题。

有两种解决技术矛盾的途径：

① 利用矛盾索引表找出最有效的法则。

② 熟悉每一法则，找出最适合的法则。

技术矛盾索引表的应用：

① 从附表 2 中，指出技术矛盾中运用 1a 或 2a 作为欲改善或取消的特色，从表的左边一列中找出最接近的意思。

② 用 1c 或 2c 作为变差（恶化）的特性，从表的上面一行找出最适合的意思。

③ 在行和列的交叉处列出来的即是适合的法则。因为特性是普遍性的，可能选用两个或多个法则，阅读每个相应的法则，尝试将该法则运用于技术系统。不要反对某种法则，不管看起来多么滑稽可笑，努力利用它。如果所有给出的法则都完全不能应用，则需重新确定技术矛盾，再做一遍，直到找出可操作的解决方案为止。

实 践 应 用 题

这一部分是介绍利用法则和矛盾索引表解决技术矛盾的过程。这里找出的解决方案不一定是唯一的,也可能有其他解决方案。要根据每个问题的不同情况决定采取哪种方案。

下面有两个例题。问题1中的矛盾是通过分析技术系统和它的上级系统解决的,没有利用法则。问题2中的矛盾是通过三步骤过程来解决的。

问题1

设想你是一个项目组的成员,该项目要研制一个特殊的宇航员的生命保障系统。这个系统包含很多部分:宇航员,他的太空服,硅晶谐振器,等等。谐振器是一个微型片,用来传输某种具有要求水平的信号,它对温度的变化极其敏感,精确度依赖于对温度的稳定性。我们的任务是设计一个保护盒,既要经常给谐振器提供稳定的温度,同时又要轻巧、简易、便于携带。

如果我们缺少关于稳定温度的现存系统,则必须学习这类系统。我们可能发现有很多系统能满足这个要求。例如有这样一个系统,它由双层保温容器组成,可以将硅晶片置于其中。这个系统的内部空间不断加热,并通过一个控制器调节温度。但是,这个方法会使一个简单的硅晶片成为一个笨重的东西,而无法满足我们项目的要求。其他已有系统甚至比这更复杂。

也有不同的装置可以在保持温度稳定的同时保持轻便;但是

他们不能给硅晶片提供足够的温度稳定的准确性。矛盾很明显——"想要使硅晶谐振器处理信号的准确性提高，就会使其重量增加。"

如何解决这个问题？让我们从步骤 1——分析技术系统开始。

已经知道，我们的技术系统包括宇航员、他的太空服、硅晶谐振器，还有很多其他的成分。

系统和其环境的分析表明硅晶谐振器是生命保障系统中的一个子系统。

首先，提一个假设的问题：能否用我们生命保障系统中的其他成分来提供稳定的温度？在分析每个成分后，我们能明确这个问题的答案，如果有一个成分提供稳定温度，那么问题就解决了；如果没找到相应的解答，那么问题只能在"谐振器"这个技术系统之内找到答案。

作为一个成分，太空服不能帮助我们。但是当宇航员穿上太空服时，它就能够提供稳定的温度，因为宇航员的体温是稳定的，硅晶片可以放在太空服的内衣口袋里。这个解决方案还有另一个优越性：如果宇航员生病了，他体温的任何变化都会被马上知晓。因此，这个问题在无需设计复杂器具的情况下被解决了。

结论：通过分析技术系统和它的环境 —— 上系统的各部分 —— 解决方法显而易见，无需进入复杂的问题解决模式。

这个问题也可以通过利用 40 项法则结合矛盾索引表来解决。你可以在学会解决下一问题后再回头来做。

问题 2

一个车间得到一份订单，对很大的金属零件进行热处理。要进行这项工作，吊车司机必须从炼铁炉中吊出通红的铸铁，将它运到一个油池上方并使其落入油槽。

工作了几天之后，吊车司机找到老板抱怨说："这样干我很难呼吸。我的控制室离房顶很近，所有从油槽里升起的烟都向我飘来，我不干了。"

烟雾本来不是问题，因为处理小部件时，车间里的通风设备满足要求；现在，在处理大型部件时，烟就变成了主要问题。因为处理过程不能改变，老板面临一个典型的管理局面：得想出一种办法，但他还不知办法在哪里。

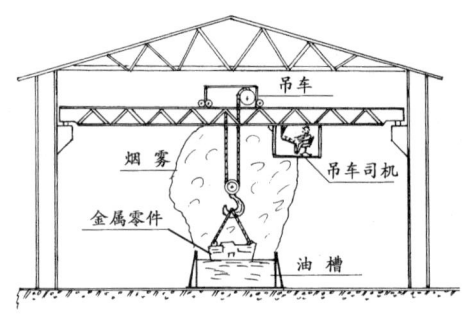

步骤1 分析技术系统

从定义上来说，一个技术系统应该有三种成分：两种物质和一个场（能量）。要解决问题，首先应明确引起问题的技术系统。在这个例子中，引起问题的技术系统是油池里的油、金属部件，以及该部件的热能。烟是这个过程的副产物，对吊车司机造成危害。

现在，需要确定在技术系统中必须改善的特性。为做到这一步，我们来填写附表1，指出需改善的特性。

1. 标明技术系统的名称

本例中，技术系统为金属处理过程。

2. 指出技术系统的目标

本例中，该系统对大型金属部件进行过油处理。

3. 列出该技术系统中的主要成分及相应作用

成分名称　　　　　　　　　作　用

（1）金属部件　　　　　　（1）接受处理

（2）油　　　　　　　　　（2）对部件提供慢冷却

（3）空气　　　　　　　　（3）对油提供氧气

（4）热能　　　　　　　　（4）被油吸收

4. 描述技术系统的操作

本例中，吊车司机将通红的部件放到装满油的油槽中，金属部件一接触油就会激起浓烟，污染环境。

5. 表示出应该改善或取消的特性

例如通过取消烟雾或减少烟雾所造成的危害，改善吊车司机的工作条件。

步骤2　指出技术矛盾

填写附表2，能够有助于清楚地确定问题中的技术矛盾。

利用附表2构建技术矛盾。

在问题中，从1a项到1d项都与问题无关，因为不是要改善技术系统的特性。相反，我们是想去除有害的作用。

2a. "讲明需要减掉、去除或使其中性化的负面特性"。这个特性就是烟雾。

2b. "列出传统的减掉、去除该特性或使该特性中性化的方法"。利用金属盖来覆盖油槽，这样可以防止油烟四散。

2c. "写出在2b项条件中更加恶化的特性"。系统的复杂性和重量增加。

2d. "构建技术矛盾如下"：

技术矛盾1：如果利用金属盖将（油烟雾带来的有害）特性减少（去除），则系统的复杂性增加。

技术矛盾2：如果利用金属盖将（油烟雾带来的有害）特性

减少（去除），则系统的重量特性增加。

步骤3 解决技术矛盾

让我们参照矛盾对照表来考察一下技术矛盾1。

与特性"由烟雾带来的有害作用"最接近的是表中31行的"内部有害因素"，与复杂性最接近的是表中36列的"装置复杂性"。

在表中31行和36列的交叉处是表示指向解决技术矛盾的最合适的原则（参看技术矛盾表1）。

让我们分析一下这些原理：

原理19 **"离散法"** 指出：

a. 将持续运动变成间隙运动（脉冲法）。

b. 如果运动已经是间隙性的，改变间隙频率。

c. 利用间隙提供附加作用。

技术矛盾表1

技术矛盾	表中交叉点	推荐原理	原理名称
内部有害因素…/装置复杂性	31×36	19	离散法
		1	分离法
		31	孔化法

技术矛盾表2

技术矛盾	表中交叉点	推荐原理	原理名称
内部有害因素/静物重量	31×2	35	性能转换法
		22	变害为利法
		1	分离法
		39	惰性环境法

应用原理19意味着间歇地将金属部件放入油槽加温，这只有通过打开和关闭油池的盖子才能实现。不幸的是，现存的条件不允许我们这样做，所以这一原理不适用。

原理 1 "**分离法**"意味着：

a. 将一物体分成互相独立的部分。

b. 将一物体分成几部分（便于安装和拆卸）。

c. 提高一物体的分割性。

应用原理 1a 意味着将盖子分成不同的部分，应用 1b 将盖子分割程度增加至成千上万，甚至上百万份，进一步延伸这个概念，盖子即可由非常细小的球体（或甚至是液体）构成。这样的活动盖就不会影响将炽热部件放入油中。

原理 31 "**孔化法**"表示：

a. 给物体加孔，或运用有孔的辅助物（插入或遮盖等）。

b. 如果一物已经有孔，事先向孔中充入相应物质。运用原理 31a 意味着用孔状物作成盖子。将原理 31a 和原理 31b 结合，使我们想到用有孔的小球或液体来做油池盖。有孔材料可以吸收烟雾。

让我们来分析第二个技术矛盾，看技术矛盾表 2。

原理 35 "**性能转换法**"，即：

a. 改变系统的物理状态。

b. 改变浓度或密度。

c. 改变灵敏性程度。

d. 改变温度或体积。

原理 35 建议改变系统的物质性能，即将目前固态的系统变成液态或气态。在谈技术矛盾 1 时已提到利用液态。将油槽盖转换成气态是很有趣的一项建议。但我们如何实现呢？一种比空气重的惰性气体（稀有气体），可以覆盖在油的表面而充当油池盖。

原理 22 "**变害为利法**"：

a. 利用有害因素，特别是环境方面的有害因素来获取有益结果。

b. 将一有害因素和另一有害因素结合，抵消有害因素。

c. 提高有害运作的程度以达无害状态。

原理 22c 提出增加烟雾使其成为在油和氧气间的屏障，而防止油池冒烟。

原理 1 "**分离法**" 重新提出，参看我们上文的解释。

最后原理 39 "**惰性环境法**" 提出：

a. 用惰性环境代替正常环境。

b. 将中性物质或添加剂引入一物体。

c. 在真空中完成某种操作。

结论：将原理 39a 和原理 35a 结合，提出对该问题的简单的解决方法。用一种液体或惰性气体（稀有气体）形成的油池盖来防止油槽冒烟，既未使系统复杂化也不妨碍吊机司机的工作。

练习题及解答

问题3　破冰船

冬天必须在 10 英尺厚的冰封航道上运送货物。传统方式是由破冰船在前面破出一条航道，然后由其他轮船跟随前进。破冰船每小时只行驶 2 公里。我们需要将速度提至每小时 6 公里，如果再高一些更好。其他运输方式是不可取的。通过调查了解到破冰船的引擎是当时功率最高的。

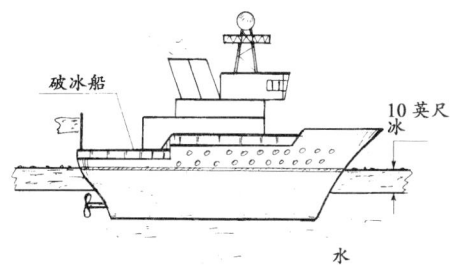

问题4　渔　场

商业渔场在 12~14 个月的养殖期内养鱼。要想在有限的鱼池面积内放养大量的鱼，水中需要更多的氧气。通过一系列置于养鱼池底部的带孔管道将空气泵入鱼池。这个系统提供 1 000 ppm* 氧气。我们需要将氧气提高到 2 000 ppm 或更高。这种氧气量能够维持鱼群生长直到长成成鱼。要求找到比较简单、经济又不伤害鱼的方法。

注：1 ppm = 1 mL/m³。

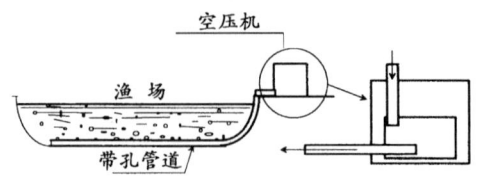

问题 5 玻璃过滤器

某制造厂一直生产直径为 10 英寸*、长为 2 英寸的小型玻璃过滤器，现在该厂得到订单，需生产直径 1 英尺*、长 2 英尺的大型玻璃过滤器。需要非常细小的过滤孔均匀地分布在过滤器的每一部分。令人为难的问题是：怎样经济地生产这些新型过滤器？这些小孔还需要直通过滤器并均匀分布。

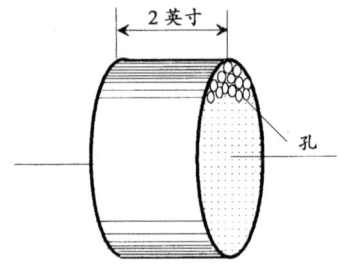

分析及解答

问题 3、4、5 的解答，并不提供所建议概念的工程应用，我们的目的是提出可能的工程设计的方向。

问题 3 破冰船

本题主要目的是要将船的速度从 2 公里/小时提高到至少 6 公里/小时（亦即提高船的生产性）。通常的方法是提高轮船发动机的动力，但是提高马力会对轮船的其他部件产生连锁反应——容纳发动机的空间，轮船的重量等。这些改变都是不理想的。

因此，当前的技术矛盾是：

注：1 英寸 ≈ 0.025 米，1 英尺 ≈ 0.30 米。

技术矛盾 1："速度"相对于"动力"；

技术矛盾 2："生产性"相对于"动力"。

在矛盾对照表中我们找到对应的行和列，从第 9 行查到"速度"，第 39 行查到"生产量"，并从第 21 行查到"功率"。下表标明这两对技术矛盾。

技术矛盾	表中交叉点	推荐原理	原理名称
1. 速度/功率	9×21	19	离散法
		35	性能转换法
		38	逐级氧化法
		2	提取法
2. 生产量/功率	39×21	35	性能转换法
		20	有效运作持续法
		10	预先作用法

让我们来分析一下所推荐的原理，黑体表示"最佳"选择。

1. 原理 19 "**离散法**"表明：

a. 将持续运动变成间隙运动（脉冲法）。

b. 如果动作已是间隙性的，改变间隙频率。

c. 利用间隙提供附加作用。

用上述原理之一可以得到破冰的效果。例如：让轮船不是一直破冰前进，而是通过振动来破冰，然后前进。

2. 原理 35 "**性能转换法**"表明：

a. 改变系统的物理状态。

b. 改变浓度或密度。

c. 改变灵活程度。

d. 改变温度或体积。

这些原理提出改变和冰接触那部分的轮船的物理状态或密

度。这项建议在两个矛盾陈述中都被提及。船的密度和物理状态怎么得到改变呢？我们稍后将讨论这个问题，现在让我们研究一下原理2。

3. 原理2 "**提取法**"表示：

a. 去掉一物体中的干扰部分或特性。

b. 只抽取物体中必要的部分或特性。

这个原理建议将与冰互相干扰的那一部分去掉。

4. 原理10 "**预先作用法**"表明：

a. 部分或全部地预先施加所需的改变。

b. 将有用的物体预置，使其在必要时能立即在最方便的位置起作用。

原理10建议在船和冰互相作用之前做出一些行动。

结论：大部分的原理建议改变轮船和冰接触的部分，将这一部分全部去除，会使船自如地从冰中驶出——只不过那一部分轮船会沉到海底。为防止此类情况发生，船的上部和下部安装两排薄型竖直刀片，可以很容易地破冰。将轮船尽量做小，会在破冰时减少拖力。轮船的底部位于冰层下面，装载货物。破冰船同时又是货船。

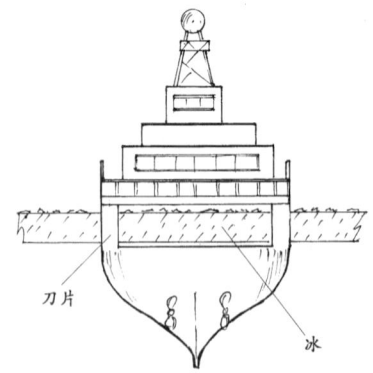

问题4 渔 场

本题的目的是在鱼池中增加氧气使其达到最大饱和点。有几种选择可以达到这个目的：

选择1. 安装在岸上的空压机，可以通过带孔的管子向鱼池输送空气。这种做法会使系统更加复杂。

技术矛盾1，可描述为物质的量和装置复杂性（第26行/36列）。

选择2. 一些化学元素可以用来在水中产生氧气。但如果这样做，鱼池就会被污染，从而对鱼产生有害影响。

技术矛盾2，物质的量和内部有害因素（第26行/31列）。

选择3. 分析表明，并不是所有泵出的空气中所含的氧气都会在气泡浮出水面时在水中溶解。要提高系统的效率亦即提示溶解的氧气的量，需要降低气泡向水面上升的速度。这可以由降低气压来实现。但是，这样也会降低系统的生产性——气泡在水中停留的时间长了，也意味着气泡少了。

技术矛盾3，在本题中表现为物质损耗和生产量（第23行/39列）。

下表表明上述三个技术矛盾：

技术矛盾	表中交叉点	推荐原理	原理名称
1. 物质的量/装置复杂性	26×36	3	局部质量改善法
		13	逆向运作法
		27	替代法
		10	预先作用法
2. 物质的量/内部有害因素	26×31	3	局部质量改善法
		35	性能转换法
		40	复合材料法
		39	惰性环境法

续表

		28	系统替代法
3. 物质损耗/生产量	23×39	35	性能转换法
		10	预先作用法
		23	反馈法

让我们分析一下所提示的这些原理,原理3、原理10和原理35在表中分别出现两次。

原理3 "**局部质量改善法**"表明:

a. 将一物体的共性结构转换成异性结构或环境(行动)。

b. 物体中不同的部分应起不同的作用。

c. 物体的每一部分都应处于促进整体运作的状态。

原理10 "**预先作用法**"表明:

a. 部分或全部地预先施加所需的改变。

b. 将有用的物体预置,使其在必要时能立即在最方便的位置。

原理35 "**性能转换法**"表明:

a. 改变系统的物理状态。

b. 改变浓度或密度。

c. 改变灵敏程度。

d. 改变温度或体积。

结论:这些原理建议改变水的局部特性(原理3)、提前操作(原理10)和改变水中氧气的浓度(原理35)。

让我们转换到一个工程概念:我们可以在另一个蓄水池中将加压的氧气充入水中使其饱和,然后将该混合物通过管道泵入鱼池。读者可以设计出另外的工程应用方法。

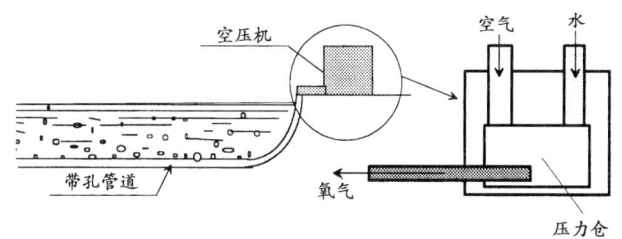

问题 5　玻璃过滤器

本题的任务是制造出含有成千上万个小孔的长型玻璃过滤器。以前该公司制造过可以钻孔的短过滤器——此过程比较简单，现在新的要求比较复杂，且制造过程也复杂得多。

如前所述，有两种办法可以用来解决技术矛盾。首先，确定现存的技术矛盾，然后用查表法来解决矛盾；第二，对照40项原理，分析每一项原理，考虑采取合适的建议。我们已经给出了运用第一种方法的例子，下面我们举例讲解如何运用第二种方法。

你将会发现这种方法乍看起来非常繁琐，其实可以像第一种方法那样高效。用3分钟来审视每一个原理，检查可以用来解决问题的前提条件，这样最多用一两个小时便可找到最有用的原理。用这种方法，选出下列原则作为解决该问题最合适的方法：

原理 1　（A、C）分离

原理 10　（A）提前操作

原理 13　（A）反过来做

原理 28　（A、B）系统替代

原理 35　（A）性能转换

原理 40　合成材料

分析上述选定的原理：

原理 1　（A、C）"分离"意味着将过滤器分成很多成分。

171

原理 10（A）"提前操作"提出将孔在做成过滤器之前做出。

原理 13（A）"反过来"表示将制作过程反过来——不是钻孔（去除材料），而是用很多成分来组合成过滤器（加入材料）

原理 28、35 和 40 则由读者自己分析和应用。

所以，过滤器应该由很多分离的部分组合在一起（原理 1），这应该在它还没有成为过滤器就完成（原理 10）。原理 13 将这一系列概念合起来，不是通过去除某些部分（钻孔），而是增加材料使其提供孔的作用。换言之，改变去掉东西而使其起孔的作用的方法，用增加东西（合并、组合、捆扎）的办法使其得到孔的效果。

结论：基于原理 1、10、13，玻璃过滤器应该用捆扎在一起的玻璃纤维制成。纤维的间隙成为孔而不必钻孔。我们通过改变玻璃纤维的粗细和大小来制作各种型号的过滤器。

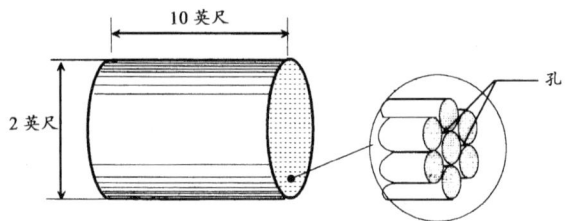

第四部分

附 录

附表 1　需改善的特性描述表

1. 写出技术系统的名称：_____

2. 定义技术系统的目标，该系统是设计用来_____

3. 列出技术系统的主要成分及其功能：

　　　写出各部分名称　　　　　　　各部分功能
（1）_____　（1）_____
（2）_____　（2）_____
（3）_____　（3）_____
（4）_____　（4）_____
（5）_____　（5）_____

4. 描述技术系统的操作：_____

5. 确定应该改善或去除的特性：_____

附表 2　技术矛盾描述表

参考第 1 项或第 2 项。

1. 列出应该改善的优良特性。

a. 该特性是：＿＿＿＿＿＿＿＿＿＿＿＿＿＿＿＿＿＿

b. 列出改善该特性的传统方式：＿＿＿＿＿＿＿＿＿＿

c. 列出在 1b 条件下会变差的特性：＿＿＿＿＿＿＿＿＿

d. 以如下方式组成技术矛盾：如果特性（1a）得到改善（列出具体方式）＿＿＿＿＿＿＿＿＿＿＿＿＿＿＿＿＿＿＿＿＿＿＿

＿＿＿＿＿＿＿＿＿＿＿＿＿＿＿＿＿＿＿＿＿＿＿＿＿＿

则下列特性就会变差（列出哪种特性）＿＿＿＿＿＿＿＿＿

2. 列出需要减少、去除或中和的不良特性。

a. 该特性是：＿＿＿＿＿＿＿＿＿＿＿＿＿＿＿＿＿＿

b. 列出减少、去除或中和该特性的传统方式：＿＿＿＿＿

＿＿＿＿＿＿＿＿＿＿＿＿＿＿＿＿＿＿＿＿＿＿＿＿＿＿

c. 列出在 2b 条件下会变差的特性：＿＿＿＿＿＿＿＿＿

d. 以如下方式组成技术矛盾：

如果引入 2b 而使 2a 特性减少，（写出如何做）：＿＿＿

＿＿＿＿＿＿＿＿＿＿＿＿＿＿＿＿＿＿＿＿＿＿＿＿＿＿

则特性（2c）变差：＿＿＿＿＿＿＿＿＿＿＿＿＿＿＿＿

或其他不良特性会加强（描述）：＿＿＿＿＿＿＿＿＿＿

＿＿＿＿＿＿＿＿＿＿＿＿＿＿＿＿＿＿＿＿＿＿＿＿＿＿

第五部分

技术矛盾索引表

40 法总结

1. **分离法**
   A. 将一物体分成互相独立的部分
   B. 将一物体分成几部分（便于安装和拆卸）
   C. 提高一物体的分离性

2. **提取法（提取、恢复、去除）**
   A. 去掉一物体中的干扰部分或特性
   B. 只抽取物体中必要的部分或特性

3. **局部质量改善法**
   A. 将一物体的共性结构转换成异性结构或环境（行动）
   B. 物体中不同的部分应起不同的作用
   C. 物体的每一部分都应处于促进整体运作的状态

4. **非对称法**
   A. 用非对称性代替对称性
   B. 如果一物体已经不对称，可进一步增强其不对称程度

5. **组合法**
   A. 在空间上将有共性的物体和需要连续操作的物体组合起来
   B. 从时间上将有共性的部分和需要持续操作的部分组合

起来

6. 一物多用法

一物体能够起多种不同的作用，因此，其他部分可以除去

7. 套叠法

A. 一物体套在另一物体内，并可形成重重叠叠

B. 一物体穿过另一物体

8. 巧提重物法

A. 将需提起的重物和有上升性质的物体结合起来

B. 给需要提起的物品加上空气动力或由外部环境引起的水动力

9. 预先反作用法

对物体预加反向压力从而避免其完工时的不良效果

10. 预先作用法

A. 部分或全部地预先施加所需的改变

B. 将有用的物体预置，使其在必要时能立即在最方便的位置起作用

11. 预置防范法

对具有较低可靠性的物品预置紧急防范措施

12. 等势法

改变工作状态而不必升高或降低物品

13. 逆向运作法

A. 不用常规的解决方法，而是反其道行之（如需加热时反用冷却法）

B. 使通常运动的部分或环境静止，而让通常静止的部分运动

C. 将物体倒过来放置

14. 曲线、曲面化法

    A. 将直线变成曲线，平面变成曲面，方形变成球形
    B. 利用滚筒、球体和螺旋体
    C. 利用向心力将线性运动变成圆周运动

15. 动态法

    A. 改变物体的性质或外部环境，以使操作的每一步都能达到最佳效果
    B. 将非运动物体变为动态的，增加其运动性
    C. 将一物体分成能够改变相对位置的不同部分

16. 部分超越法

    如果不能达到100%的效果，争取部分达到或超越理想效果

17. 多维运作法

    A. 将物体的运动或布置由一维变为二维，或将二维变为三维
    B. 运用物体的多层结构
    C. 将物体竖置
    D. 利用物体相反的一面
    E. 将光线照到物体相邻的区域或物体的反面

18. 机械振动法

    A. 利用振荡作用
    B. 如已有振动存在，提高振动频率以达超音速
    C. 应用共振的频率

D. 用压电振动代替机械振动

E. 将超音速振动和电磁场结合运用

19. 离散法

A. 将持续运动变成间隙运动（脉冲法）

B. 如果运动已经是间隙性的，改变间隙频率

C. 利用间隙提供附加作用

20. 有效运作持续法

A. 不间断持续动作。一物体的各组成部分应持续保持其全能状态运行

B. 去除闲置和间歇的部分

C. 将"来回"运动改为"转动"

21. 快速法

极快速运行有害而冒险的操作

22. 变害为利法

A. 利用有害因素，特别是环境方面的有害因素来获取有益结果

B. 将一有害因素与另一有害因素相结合，抵消有害因素

C. 提高有害运作的程度以达无害状态

23. 反馈法

A. 引入反馈法

B. 如果反馈已经存在，将其改善

24. 中介法

A. 利用中介物质转换或执行一种运作

B. 临时将原物体和一个容易去除的物体连接

25. 自服务法

    A. 一物体能服务于自我，并能执行辅助和修理的功能

    B. 利用废物和废弃的能量

26. 复制法

    A. 不便于操作的易损、易碎物，应由简易的和便宜的复制品替代

    B. 可见光仪器可由红外线或紫外线仪器替代

    C. 用光学图像替代单件物品或系列物品，然后图像可以放大和缩小

27. 替代法

    用便宜的物品代替贵重的物品，对性能稍作让步（例如寿命因素）

28. 系统替代法

    A. 用光学、声学、热学及味觉系统代替机械系统

    B. 运用电场、磁场和电磁场和一物体进行相互作用

    C. 变换下列场

    D. 利用场和强磁性物质

29. 压力法

    用气体或液体替代物体的固体部分，从而可利用空气或水产生膨胀，或利用气压和液压起缓冲作用

30. 柔化法

    A. 用灵活的或薄膜表面代替通常结构

    B. 用可调的表面或薄膜表层将物体和外部环境隔开

31. 孔化法

    A. 给物体加孔，或运用有孔的辅助物（插入或覆盖等）

B. 如果一物体已经有孔，事先向孔中充入相应物质

32. 色彩法

   A. 改变物体或环境的颜色

   B. 改变物体和环境的透明度

   C. 在物体中加上颜色添加剂，用以观察难以看到的物体或过程

   D. 如果已经用了添加剂，则考虑增加发光成分

33. 同化法

   和主要物体相互作用的物体应该用同样的材料做成，或具有相同的性质

34. 自生自弃法

   A. 当作用完成后或物体本身不再有用时，物体中的一部分自动消亡，或在操作过程中自动调整

   B. 物体中用过的零件应在工作过程中重新发挥作用

35. 性能转换法

   A. 改变系统的物理状态

   B. 改变浓度或密度

   C. 改变灵活程度

   D. 改变温度或体积

36. 相变法

   运用物态转换（如改变质量、释放或吸收热量等）

37. 热膨胀法

   A. 改变温度，利用物体的热胀冷缩系数

   B. 利用不同材料之间不同的热膨胀性

38. 逐级氧化法

利用从一级向更高一级的氧化转换

39. 惰性环境法

A. 用惰性环境代替正常环境

B. 将中性物质或添加剂引入一物体

C. 在真空中完成某种操作

40. 复合材料法

用组合物质来代替同类物质

技术系统特性

1. 动物重量
2. 静物重量
3. 动物长度
4. 静物长度
5. 动物面积
6. 静物面积
7. 动物体积
8. 静物体积
9. 速度
10. 力
11. 张力/压力
12. 形状
13. 组合物的稳定
14. 强度
15. 动物作用时间
16. 静物作用时间
17. 温度
18. 亮度
19. 动物耗能
20. 静物耗能
21. 功率
22. 能量损耗
23. 物质损耗
24. 信息损耗
25. 时间损耗
26. 物质的量
27. 可靠性
28. 测量精度
29. 制造精度
30. 外来有害因素
31. 内部有害因素
32. 制造力
33. 易用性
34. 可修复性
35. 适应性
36. 装置复杂性
37. 控制复杂性
38. 自动化水平
39. 生产量/生产率

美国提供 TRIZ 服务的机构[*]

American Supplier Institute
17333 Federal Drive，Suite 220,
Allen Park，MI 48101
Tel:（313）336-8877

Goal/QPC
13 Branch Street,
Methuen，MA 01844
Bob King，Executive Director.
Tel:（508）685-3900

Ideation International，Inc.
25505 West 12 Mile Road
Suite 5500
Southfield，MI 48034
Tel:（248）353-1313

Invention Machine Corp.
133 Portland Street,

---

[*] 编者注：时代久远，以上信息仅供参考。

Boston, MA 02114
Tel: (617) 305-9250

The PQR Group
190 N.Mountain Road
Upland, CA 91786
Tel: (909) 949-0857

Pragmatic Cision, Inc.
225 Friend Street
Boston, MA 02114
Tel: (617) 227-6400

Strategic Product Innovation, Inc.
7591 Brighton Road,
Brighton, MI 48116
Steven Ungvari,President.
Tel: (810) 220-8480.

Technical Innovation Center, Inc.
60 Prescott Street
Worcester, MA 01605
Tel: (508) 799-6700
Email:tic@triz. org
www. triz. org

TRIZ Consulting, Inc.
12013C 12 Avenue Northwest
Seattle, WA 98177

Zinovy Roysen, President and TRIZ Expert.
Tel: (206) 364-3116

The TRIZ Group
30120 Northgate Lane,
Southfield, MI 48076
Victor Fey, President and TRIZ Expert.
Tel: (810) 433-3075.